ちくま文庫

花と昆虫、不思議なだましあい発見記

田中肇 文
正者章子 絵

筑摩書房

まえがき

花たちの策略

一面のお花畑、心地よい風がほほをなで、遠く鳥のさえずりが渡ってくる。白、黄、紫の花々がちりばめられた高原を見わたすと、黄色いチョウが舞い、マルハナバチのブーンという低い羽音が耳をかすめる。

「きれいねー」「……の花よー、かわいいわねー」とやさしい声が背後を過ぎる。彼女らはこの一見平和な風景の背後にひそむ花たちの策略を知らずに、遠く一片の雲が浮かぶ青い空の下を歩んで行く。

花と昆虫のあいだの「花粉の媒介」「共生」という言葉のなかには、「ギブアンドテイク」「助け合い」という思想がしみこんでいる。しかしそれは私たちの勝手な思いこみであり、花と昆虫のあいだにはもともとそのような契約はない。花は花の利益のためのみに咲き、昆虫は、ただ食欲をみたし、子孫の繁栄にむけて花を訪れ続けているだけなのだ。そのため花と昆虫のあいだでは、しばしば利害が対立する。花は花のためにだけ、昆虫は昆虫のためだけに、一方的に収奪《しゅうだつ》する場面も生じる。

そのような葛藤《かっとう》をのがれて、昆虫にたよることをやめ、吹きわたる風を友とし、あるいはみずから動いて雌しべに花粉を運ぶ道をえらんだ花もある。

私たちは、今、そうした花々の背後にある、生のためのドラマの展開を見、そして花たちの策略をたのしむ旅に出ようとしている。

日本には花の咲く植物が五千種類以上もあるのに、花の生態のほんの一部でもわかっているのは八百種類ほど。残る四千何百種類の花は手つかずのままの、不思議の宝庫なのだ。本にはわかったことだけが並べられているので、ほとんどの謎は解けているものと誤解されがちだが、青空の下には書かれたことの十倍、二十倍、いやもっと多くの花たちの策略が秘密のベールにおおわれたままおかれている。したがって、花の策略を明らかにするチャンスはあなたにもたくさん残されている、と断言できる。

この本では、できるだけやさしく花の世界とそこで展開するドラマを描写するつもりだ。文と絵が協力し合って、読者を躍動する花の世界にご案内できればと願っている。

田中《たなか》　肇《はじめ》

花と昆虫、不思議なだましあい発見記◎目次

第三章　頼れるハナバチ

第四章　対ハナアブ・ハエの巧妙な策略

第五章　甲虫媒花は原始的か

第六章　花と昆虫の戦い

第七章　虫をあざむく花たち

第八章　色香に迷う？

第九章　風まかせの術

花と昆虫、不思議なだましあい発見記

第一章
チョウは味方か

T字作戦――カサブランカ

ある若い植物学者がフィアンセに何の花が好きかとたずねたとき、彼女から「カサブランカ」という答えがかえってきたそうだ。彼がカサブランカという植物は知らないと言うと、かなり軽蔑《けいべつ》の目で見られた、と話していた。

カサブランカは、大きな純白の花を咲かせるユリの園芸品種の一つだ。花びらに一点のくもりもなく、大きく誇らしげに咲いている姿を、彼女は好きなのだろう。だが私は、花屋の奥まった場所で高価な値がつけられたカサブランカの花を見るたびに、なぜ雄しべがないのかという疑問が頭をかすめた。あるときラジオで、その理由を知った。店員さんが、わざわざ摘みとるのだという。カサブランカの花にも雄しべがあるが、赤褐色《せきかっしょく》の花粉が衣服や持ち物にしみをつけるのが、嫌われるのだ。

コオニユリの花とチョウ（上）。雄しべの仕組み（下）

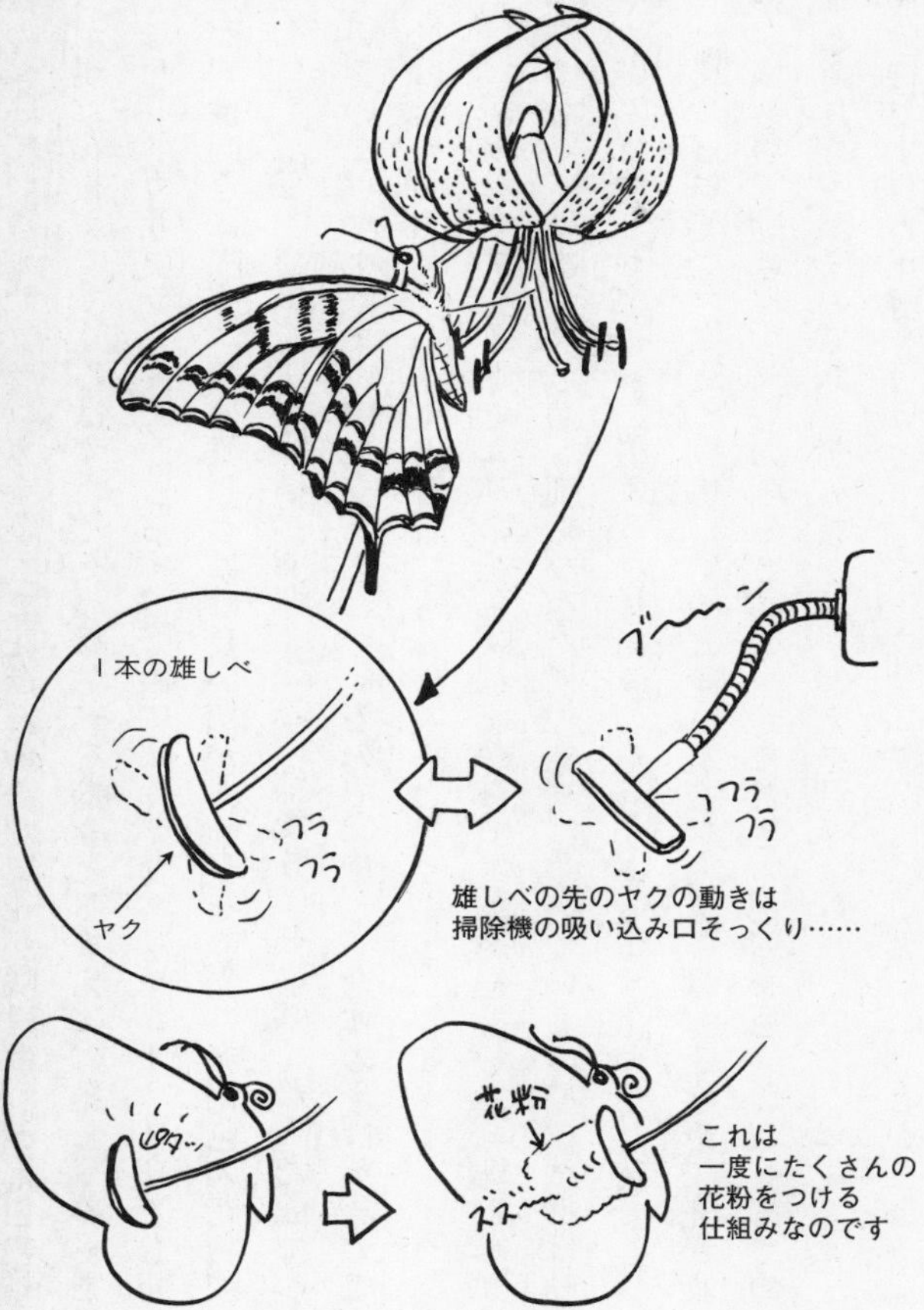

1本の雄しべ
フラ
フラ
ヤク
フラ
フラ
雄しべの先のヤクの動きは
掃除機の吸い込み口そっくり……
花粉
これは
一度にたくさんの
花粉をつける
仕組みなのです

蕾《つぼみ》のついているカサブランカを買って花びんのなかで花が咲けば、赤褐色の雄しべが現れ花粉がでてくるはずだ。その雄しべを摘みとるまえに、雄しべの形を見てほしい。カサブランカにかぎらず、野山に咲くヤマユリやコオニユリでも同じだが、横向きに咲くユリの雄しべには長い柄《え》があり、その先に赤褐色の花粉袋（ヤク）がついている。白い柄は先端近くで急に細まり、その細くなった先についているのだ。ヤクはまん中を支えられているので、雄しべ全体の形は英語のTの字形になっており、ちょっと触れてもふらふらと動く。

私は、講演会でスライドでユリの花を映しながら、雄しべを指して「雄しべはT字形になっています。しかも細くなった柄の先端についているので、ヤクは動きやすいんです。お宅にもこのような仕組みの道具がありますよねー。何でしょう?」とクイズをだすことがある。スライドを見ている方々は、T字形で先が動きやすいもの、動きやすいもの……と頭のなかで自宅の部屋を思いおこしてそのような道具をさがすのであるが、なかなか答えを見つけられない。

「掃除機です」と正解を言うと、「あー（知っていたはずなのに）」というような声がもれてくる。掃除機の吸い込み口は、柄の先にT字形につき、動きやすくできていて、掃除しようと床や畳に押しつけると、吸い込み口はピタッとその面に接する。ユリの雄しべも同じ原理を使っているのだ。ヤクをピタッと押しつける相手は、アゲハチョウ類の羽。

チョウの羽が鱗粉《りんぷん》におおわれていることは、チョウを指でつまんだ経験があれば誰でも知っているはずだ。指に残る粉のようなものが鱗粉で、顕微鏡で見るとサクラの花びらのような形をしている。その鱗粉が屋根瓦のように互いに重なり合いながら、きっちりと並んでチョウの羽全体をおおっている。この鱗粉はレインコートの防水剤のように水を弾《はじ》き、あわせて防塵《ぼうじん》の効果をもつ優《すぐ》れものだ。

鱗粉は、チョウにとっては余計なゴミである花粉もつきにくくしている。しかし、花にとっては花粉がつかなくては、蜜を提供してチョウを誘った意味がなくなってしまう。それを解決したのがT字形の雄しべで、チョウが花に止まり蜜を吸うとき、雄しべの端が羽に触れると、掃除機の原理でヤクがピタッと羽に接して赤褐色の花粉をたっぷりと押しつける。そのうえユリの仲間の花粉はほかの植物のものより粘りが強く、鱗粉の防塵効果を上回っているのだ。こうして、自然のなかではチョウは蜜をもとめて花から花へと移動するあいだに、羽に赤い花粉がつき、花粉はほかの花の雌しべの頭に運ばれることになる。

このようなユリの雄しべの仕組みや花粉の性質が、服や持ち物にしみをつけやすいために、ヒトという生物にいとわれ、花屋さんに摘みとられてしまう。そして赤褐色の雄しべを取られたカサブランカは、その白さをいっそう増すことができるのだ。

花粉のネックレス作戦——ヤマツツジ（一）

ゴールデンウイーク近くなると、鉄道の駅の掲示板にはツツジが山を真っ赤に染めた風景のポスターが目につくようになる。

一九七八年の五月、埼玉県の丘陵にヤマツツジの花に来る昆虫の調査にいった。

ヤマツツジの花とネックレスのような花粉（円内）

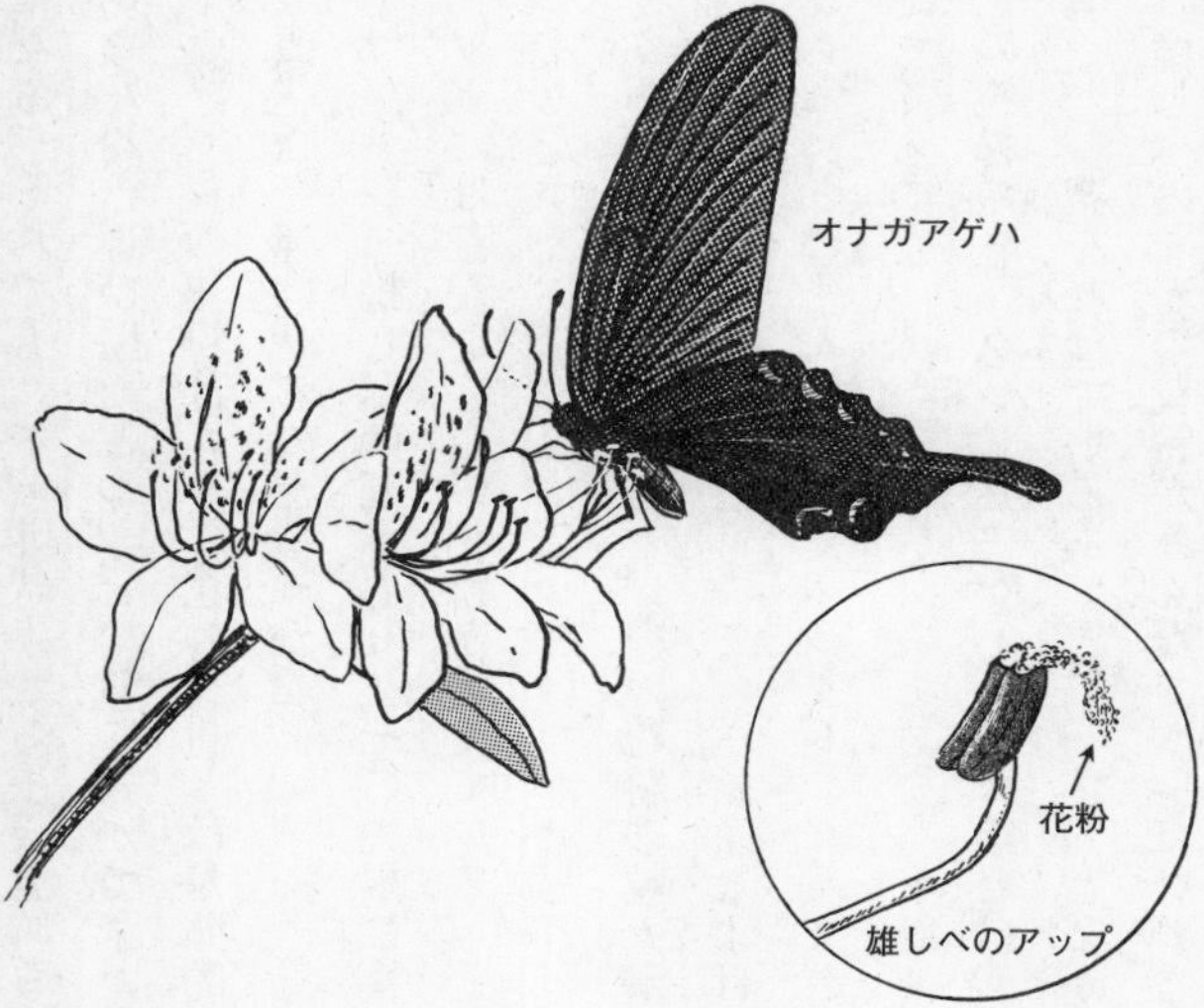

一日快適に過ごせると思われる場所に陣取ってヤマツツジの花を訪れた昆虫の種類と、花に止まった回数と行動を記録した。こうした観察のとき、日中、昆虫が活動しているときは時間を忘れるほどいそがしいが、いつ来るかわからない昆虫をまつのがもっとも辛いことだ。とくに夕方になると、昆虫は活動しなくなってしまい、ただただ花を見つめながらじっと座っているこ

とになる。それでも、午前九時半から午後五時まで観察して、アゲハチョウ類が大切な花粉の運び屋だとつきとめることができた。

ヤマツツジの花粉はユリの花の花粉とは対照的にそれほど粘らない。ではどのように花粉を運ばせるのだろうか。

ヤマツツジの雄しべは五本あり、その先端に褐色の小さなツボが二個並んでいる。ツボには蓋《ふた》がなく白い花粉が見えている。その花粉を、とがったピンセットでつまみだすと、こんなに入っていたかと思うほどたくさんの花粉がスルスルとでてくる。虫メガネで見ると、白い花粉の粒々が糸でつづられていることがわかる。糸は花粉からのびでたもので、粘結糸《ねんけつし》とよばれている。からみあっているため、ちょっとつまんだだけでネックレスに編まれた真珠のように花粉がつながってでてくるのだ。

この花粉のネックレスとアゲハチョウ類とは、どのように結びつくのだろう。チョウが、蜜を吸っているあいだに、体のどこかに花粉の一部でも引っかかったら、雄しべのなかの花粉がみんなでついていってしまおう、という策略が隠されていたのだ。

チョウの長い口

ユリの花はT字形の雄しべで、ヤマツツジの花は花粉を糸でつづって、花にとってはやっかいなチョウの鱗粉の防衛網を突破した。しかし、チョウのもう一つの武器は、長いストローのような口だ。チョウにとって長い口は花のすきまからも蜜を吸うことのできる便利な道具だが、花の立場から見ると、雄しべ雌しべのすきまから、そっと蜜を盗む泥棒用の器官とみえてくる。

だが、ヤマツツジの花は、その点をもうまくのりこえている。ヤマツツジの花びらは五つに裂けてラッパのように大きく開き、昆虫を受け止める足場はない。不安定だが足場にできるのは雄しべと雌しべだけで、アゲハチョウの仲間が蜜を吸いに来たときは、長い脚を頼りない足場にそっとかけ、羽をハタハタと動かしてバランスをとりながら長い口をのばすほか手がない。そのとき白い花粉がチョウの脚や羽にからみつき運ばれることになるのだ。

「ツツジの蜜はどこにありますか」と幼児向け雑誌の編集者からたずねられたことがある。そのとき「花の底ですよ」とお答えして、チョウが雄しべと雌しべのあいだから口を花の底までのばしている図を見て、よしとしてしまった。しかしその後、誤りだとわかった。

ツツジ類のジョウゴ形の花びらの背には、太めの筋が一本はしっている。花びらを輪切りにしてみると、その筋は花びらが左右からよってきてΩ《オーム》形になったしわで、その合わせ目が密着して管になっていることがわかった。そのもとのほうはコブのようにふくらみ、なかに蜜があった。管は蜜をたくわえたコブに通じていて、チョウはこの管をとおして蜜を吸っていたのだ。管の入り口は、花を正面から見たときチョウの目と向き合うあたりで、そこにはY字形のしわがあり、Yの字の三本の線が集まったところが口をさし入れる場所になっている。管の奥にある蜜を吸うとき、チョウは花びらに半《なか》ばもぐりこむような姿勢をとるので、

ヤマツツジの花のしくみ

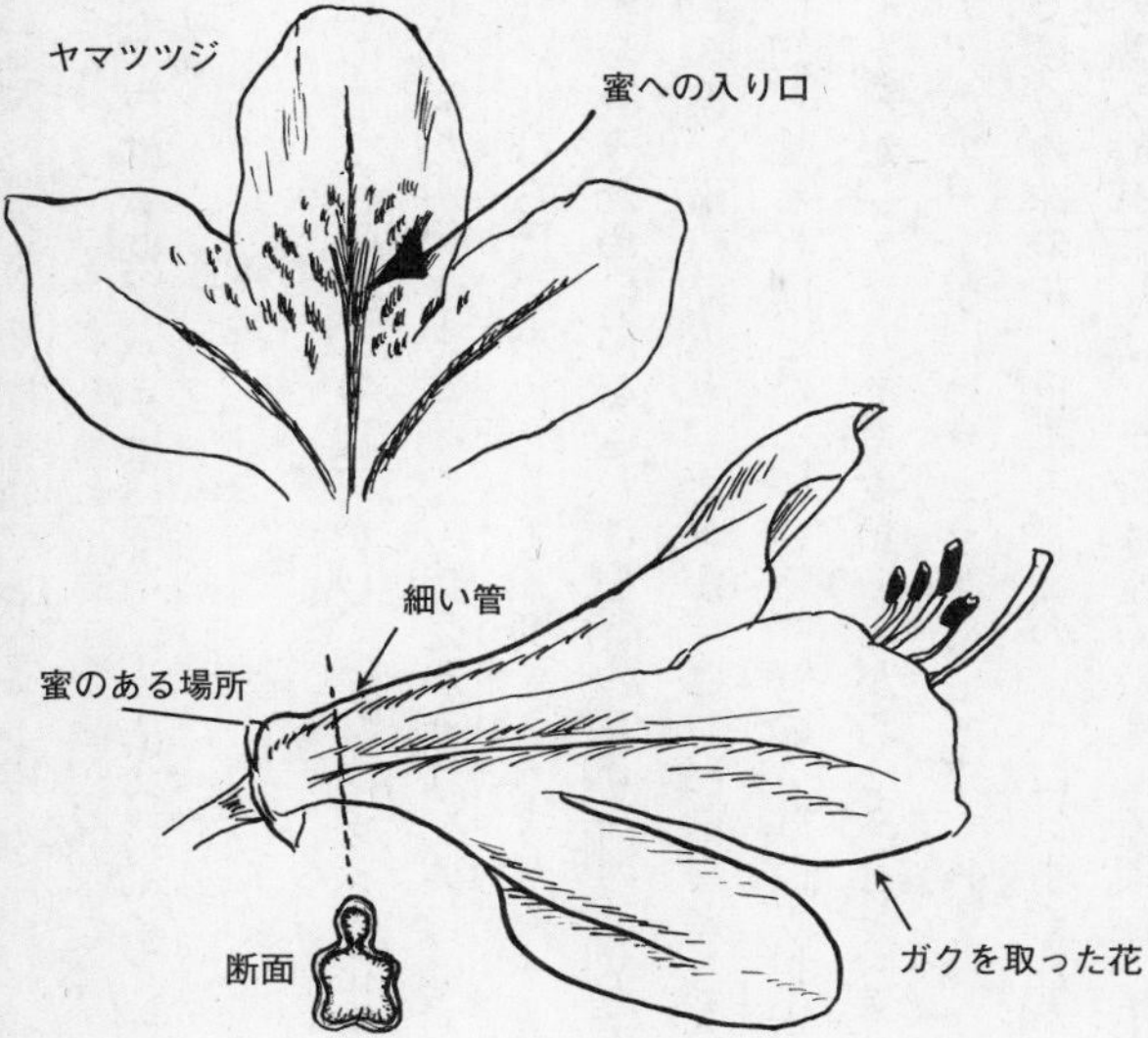

必ず雄しべ雌しべの先にふれるのだ。

チョウは歓迎、ハチはゴメン——ヤマツツジ（二）

花の形や行動などの観察から、ヤマツツジの花粉を運ぶのはアゲハチョウ類だとわかったが、さらに多くの特徴がそれを裏付けてくれる。

赤い花びらは赤を色として識別できるアゲハチョウ類がとくに好む色だ。そして蜜を吸うために口をさしこむ管の入り口の、Y字形のしわの周囲にはたくさんの色の濃い斑点があり、それが、ここに口を差し入れると蜜が吸えるよ、とチョウに知らせる目印となっている。管の入り口から蜜のあるコブまでは十〜十六ミリもあるが、アゲハチョウ類の口がちょうどとどく長さとなっているのだ。

アゲハチョウ類はヒラヒラとやって来ていくつかの花から蜜を吸うと、高く飛んで遠くの株の花に止まる。このように気まぐれな習性を持っているため、アゲハチョウ類が来れば、花粉は遠くの株に運ばれ、花を咲かせたヤマツツジはほか

ヤマツツジの花にとってマルハナバチは迷惑か？

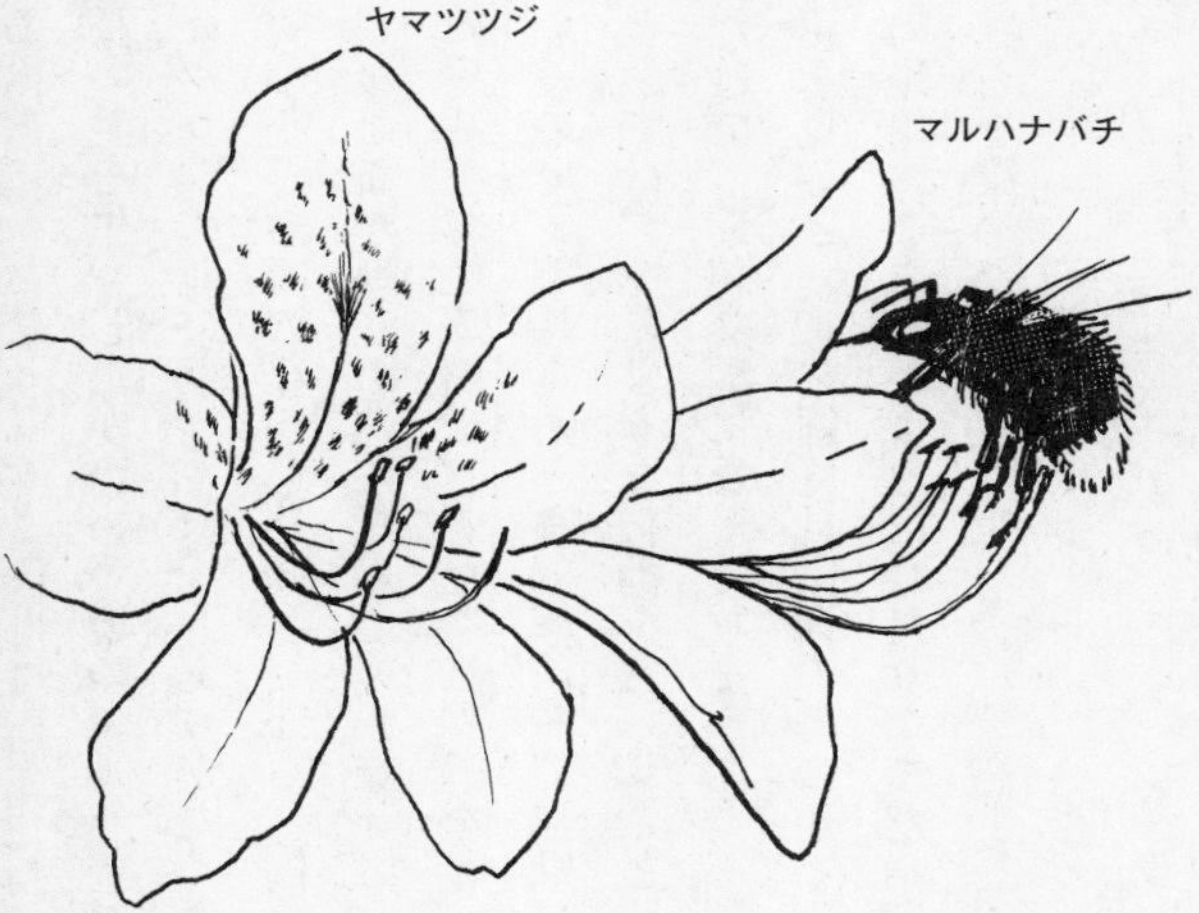

の株からの花粉を受けられる。

その一方で、この花には長い毛を生やしたかわいい姿のマルハナバチも来る。しかし、マルハナバチはヤマツツジの花にとっては少しありがたくない習性を持っている。マルハナバチは隣の花から隣の花へと移動しながら、働き者の手本のようにせっせと蜜を吸うが、なかなかほかの株に飛んでいかない。マルハナバチやミツバチなど花をたよりに生活しているハナバチたちは、子を育てるために多量の蜜や花粉を必要としているので、花にきたとき効率第一で無駄には飛ばないのだ。しかしヤマツツジにとっては、そのような行動をとられると花粉が運ばれても隣の花の雌しべにつくだけで、近親交配になってしまう。

このようにヤマツツジの花を見ると、蜜を細く長い管の奥にかくしたり、下の花びらを反り返らせてハチの足場にならないようにしたり、またハチには光として感知できない赤い色で花びらを染めたりと、マルハナバチを少しでも遠ざけようとしているように思えてくる。

動く花の策略――ノアザミ

私が花の生態の調査を始めたころにノアザミの花に出合った。といっても、以前から植物には興味を持っていたし、この花はどこにでもあるのでまったくの初対面ではないが、花の生態という視点からは新鮮な出合いであった。

花の匂いをかぎ、ルーペで花の形態を観察していた。ピンセットの先が雄しべに触れたとき、雄しべが動き先端から白い花粉がモコモコと湧きでてきた。あたかもコマ送りで時間を縮めた映画を見ている感じだった。

ノアザミの雄しべは筒になっていて、その筒に触れると筒の先が小さな円を描くように回りながら花粉をだす。何回も試すあいだに、刺激すると数秒の間に雄しべの筒をささえる五本の柄が一ミリほど縮んで下がり、筒の先から花粉がでることがわかった。

蕾《つぼみ》を解剖してみると、花粉は雄しべの筒のなかにだされていて、そのなかを雌しべの先が通っている。雌しべのなかほどには小さな球形のブラシがついている。花が咲き雄しべが刺激されると、雄しべが縮んで筒が引き下げられるが、なかを通っている雌しべの長さは変わらないので、球形のブラシにつかえて行き場をなくした花粉が、雄しべの筒の先からあふれでる、という仕組みなのだ。

ノアザミの花は、こうした仕組みを持った小さな花が百個から二百個ほど束ねられた集合体なので、花の上には長さ一センチほどの細い柱が多数立っている。それぞれが一つ一つの花に対応し、下には細い筒になった花びらがあり、その筒のなかに蜜を蓄えている。

この蜜を吸いに、アゲハチョウ類が来る。細い柱は雄しべか雌しべの先端で、突きでているので蜜を吸うアゲハチョウ類の体に触れて、花粉を授受することができる。そのうえ蜜が細長い管のなかにあるので、チョウは脚を曲げて口を花中にさし込まねばならない。そうすることでチョウを確実に雄しべ雌しべの先に触れさせているのだと考えられる。そして刺激に反応する雄しべは、チョウが触れ

ノアザミの花とアゲハ

たときに花粉を押しだし、確実に花粉をつけてしまうという策略なのだ。

私の習性で、このようなおもしろい発見は黙っていられない。そこで図を入れた短い文を作って、当時アマチュアの投稿を自由に受けつけていた『採集と飼育』という生物関係の月刊誌に投稿し、掲載された。

その後に、本や雑誌で植物を扱った短いトピックスの内容が変わった。それまでは、雄しべが動いて花粉をだす仕組みの例としては、つねにヤグルマギク（ヤグルマソウ）があげられていたのだが、一転してノアザミがあげられるようになったのだ。ヤグルマギクはヨーロッパの本に書かれている例を直輸入したに過ぎなかったことと、ノアザミのほうが動きがダイナミックだったからだろう。

いつだったか、自然観察会でノアザミが花粉をだす話をした。きっとおもしろがって実験してもらえるだろうと期待していたが、ある参加者が「花粉がでません」と言う。

この花の花粉がでないときには二つの条件が考えられる。一つは午後遅くなってから実験した場合だ。午前中にチョウやハチが来て花粉をだしつくしてしまっ

ノアザミの花粉をだす仕組み

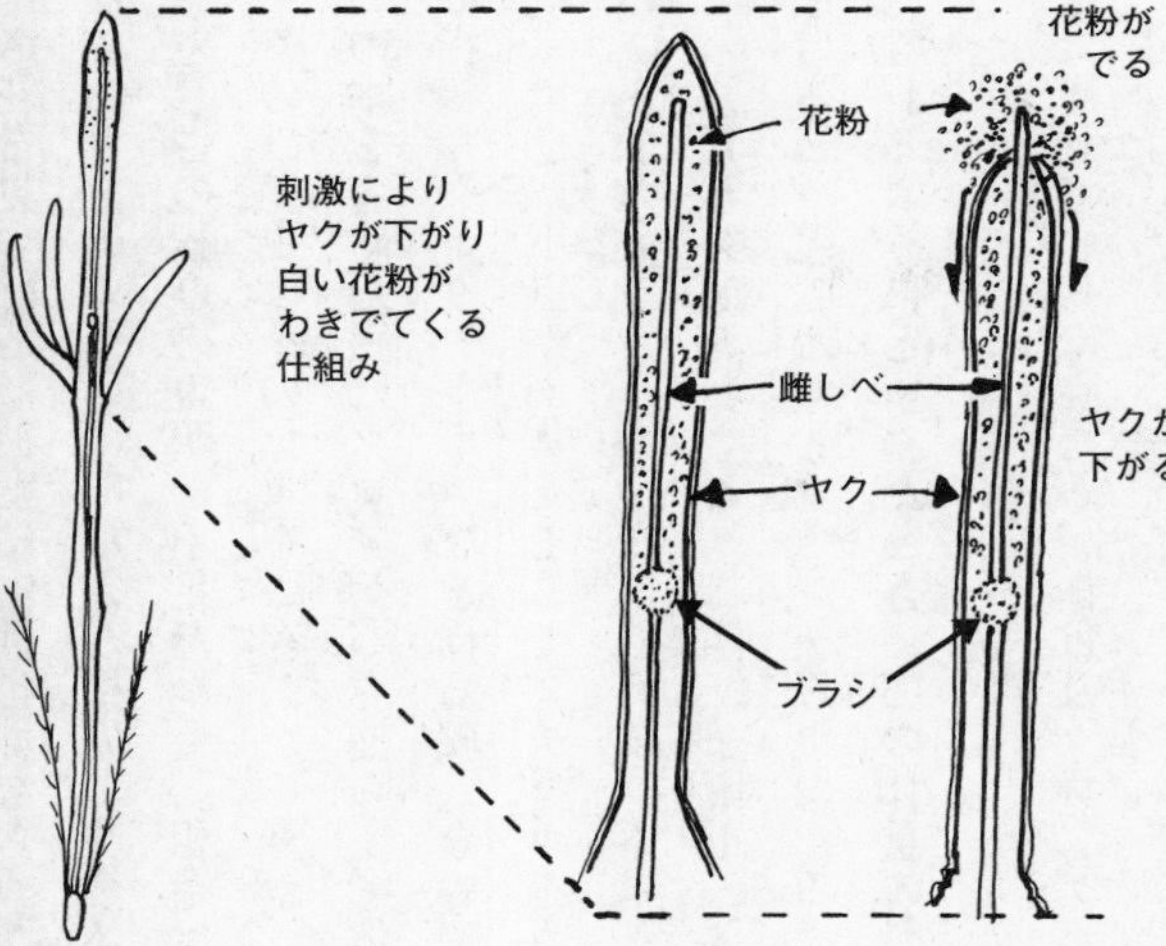

ているからだ。もう一つは、この花は、咲きたての若いときにまず雄しべが花粉をだし、その翌日や翌々日になると花粉はでなくなり、雌しべが花粉を受ける態勢になる。そうなると、刺激に反応しないのだ。

私が説明したのは午前中だったので、花が花粉をだす雄の状態か、でない雌の状態かの見分けがつかなかったのだろうと考えた。そこで、これなら花粉がでるはず、という状態の花を見つけて、彼女に実験してもらった。ところが、彼女は赤ちゃんの頭をなでるときのように、そろえた指先で花全体をなでた。原因はこれだ！　やさしさの程度の説明が不足だった。相手は小さな野の花だ、そして蜜を吸いに来るのは昆虫。その体重をご存じだろうか。

この本を書くためにクロアゲハを捕らえて体重を測ってみた。私は金やプラチナで指輪やペンダントトップを作る職人なので、仕事場にダイヤやルビーの目方を測るカラット計がある。そこで、チョウをカラット計の皿にのせた。そのチョウは二・七六カラットあった。一カラットは〇・二グラムだから、かけ算をすると、〇・五五グラムとなる。二匹で一円玉一個分より少し重いくらいだった。羽を広げると、差しわたし十センチ以上になるクロアゲハでこの目方だ。花にやさしく触れるようにと言ったとき、この体重の軽さに気づいてもらう配慮がたりなかった。

私は痩《や》せているほうだが、体重はクロアゲハの十万倍にもなる。ではどうすれば、弱い力がだせるだろうか。

天秤秤《てんびんばかり》にのせたクロアゲハと一円玉

そうよねー
私たち
太ったら
飛べないもんねー
一円玉
1

実験したいノアザミの花の近くに生えているススキとかエノコログサなど、細くて先のとがった葉を一枚ちぎってきて、その先で触れると大きな力にはならない。

雄しべから花粉のでる仕組みはノアザミにかぎらず、アザミ類ならどの種類でも観察できるので出合ったら試してみるとよい。いつのまにか花に触れる強さの加減がわかってくるはずだ。

ニッコウキスゲで後れをとる

花に昆虫が来ても、雄しべや雌しべの先に触れなければ花は蜜をとられるだけで、花粉の送りだしや受け取りはできない。

ニッコウキスゲ（ゼンテイカ）は比較的大きいオレンジ色の花びらをラッパのように開いて咲き、雄しべ雌しべを花のまえにつき出している。どのような昆虫が来るか、群馬県の赤城山《あかぎさん》で観察したところ、ミヤマカラスアゲハとヒメキマダラセセリというチョウ、それにトラマルハナバチが主にやって来た。

どの昆虫も雄しべには必ず触れ、花粉を運びだす。

だが、花粉を受け入れる雌しべの先に触れるだろうか。昆虫の行動を注意深く見ていると、雄しべより長い雌しべの先に触れた確率はトラマルハナバチで三十一パーセント、ヒメキマダラセセリで二十一パーセントとかなり低かった。ただ、大きな羽を持つミヤマカラスアゲハは花に軽く脚をかけて、はたはたと羽を動かしながら蜜を吸うため、黒く艶のある羽がヤクに触れて花粉がつきオレンジ色に染まっていた。同時にチョウはたくさん花粉をつけた羽で、何回も雌しべの先をたたいた。

この観察から、ニッコウキスゲにとって、アゲハチョウ類は雄しべにも雌しべにも触れるたいへん重要な花粉媒介者だとわかった。

一九九四年から一九九七年の間、十五年ごとに行われる尾瀬《おぜ》総合学術調査が実施され、その一環として花の生態を調査する機会に恵まれた。

そのさい、尾瀬で名高いニッコウキスゲの花が何日咲き続けているかを知るために夕方の湿原にでて、いまにも咲きそうな蕾に番号を書いたタグをつけてその後の様子を追った。花は翌朝の午前六時半頃開き始め、完全に開いたのが九時頃、そのまま大きな変化はなく二日目の朝まで咲いていた。そして二日目の午後閉じ始め、夕方までにほぼ閉じた。

図鑑を見ると、ニッコウキスゲの属するキスゲ属の花の特徴として「普通は朝開き夕刻閉じる一日花であるが、……」とある。これは新しい事実を発見した！とよろこんだのだが、その年の「国立環境研究所研究報告」に野原精一《のはらせいいち》先生が「二日間咲くと一部の図鑑には記載されているが、……二日間開花していたことが明らかになった」と報告されてしまった。その研究は、カメラを設置して一定時間ごとに自動的にシャッターをきって記録した詳細なものだ。残念ながらわずかに先を越され、調査報告書である『尾瀬の総合研究』（尾瀬総合学術調査団）には「二日間咲いていることが追認できた」と書かざるをえなかった。

独自に発見しても、科学のルールでは二番目以後は追認となってしまうのだ。

ニッコウキスゲの群落とミヤマカラスアゲハ

第二章
闇夜のだましあい

ヤマツツジと同じ策略——オオマツヨイグサ

夜咲く花がある。その花に来る昆虫や花の構造を知りたくて調査に行き、記録をとり写真を写して帰った。そして翌日同じ場所にいったら花がすっかり刈り取られていた、という経験を二回した。いずれも住宅地のなかだった。怪しげな男が暗くなってからストロボの光をピカピカさせてうろついていたら、近所の方々が、男の隠れ場所となる草を刈り取ってしまいたくなるのは当然だろう。

オオマツヨイグサの花では、咲くときのダイナミックな動きを見ながら、花びらがだす「音」をたのしむことができる。夕刊の片隅に翌日の日没の時刻がでている。オオマツヨイグサの花はその日没時刻から二十分ほど過ぎたころから次々と咲く。蕾《つぼみ》のなかに傘のようにねじれて、たたみ込まれていた四枚の黄色い花びらが、数秒のあいだに見る見る開く。花びらの動きが速いために、花びらと花び

オオマツヨイグサの開花の様子

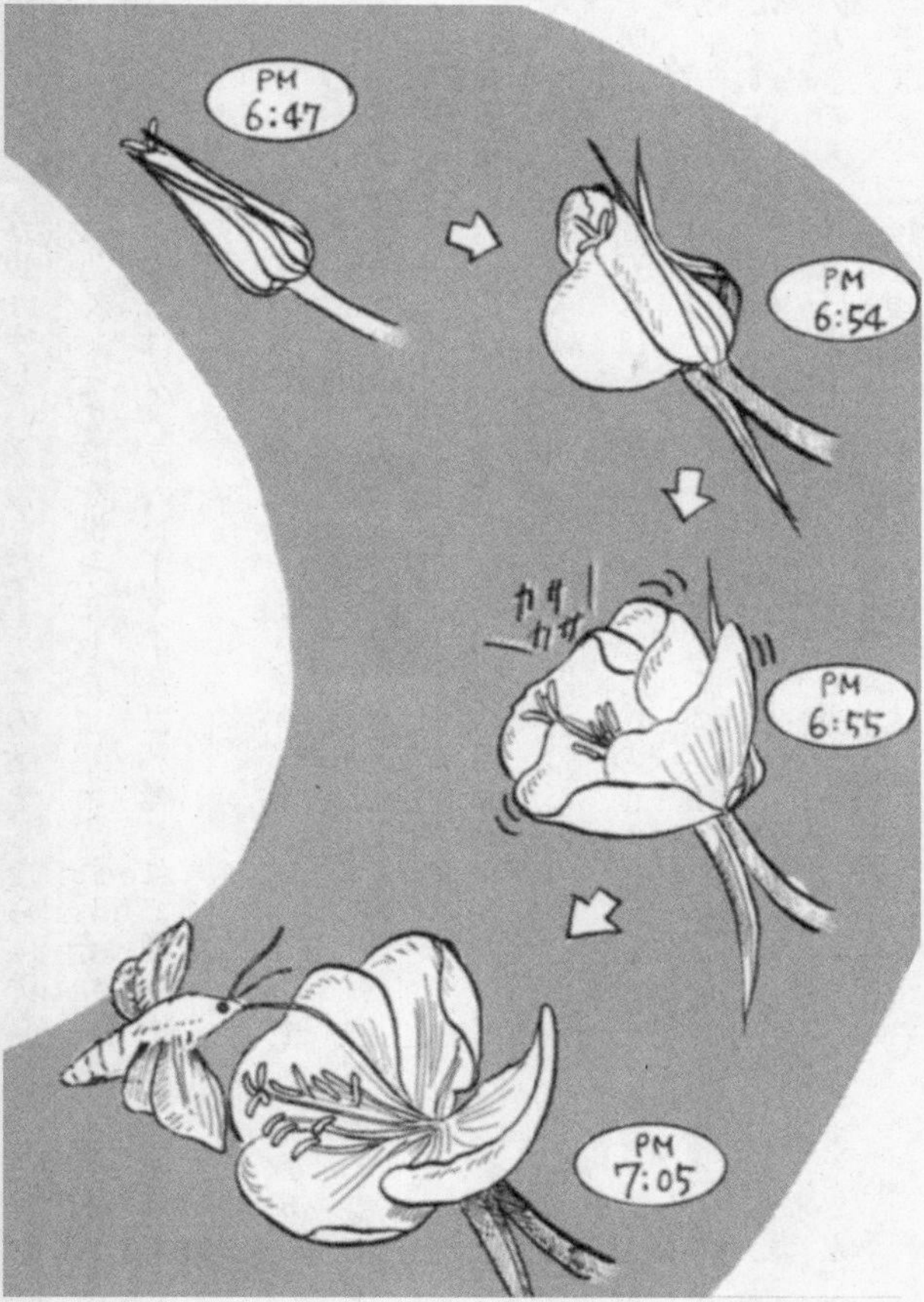

らが擦《す》れ合ってカサカサという音をだす。この話をしたら、テレビ局のディレクターさんが、花の近くでその音を聞きましたよ、とうれしそうに報告してくれた。ただ、カメラマンの方はカメラのモーター音に邪魔されて聞けず、悔しがっていたとのこと。

花が開くとよい香りが漂い、近くの藪《やぶ》から黒い影が飛んで来る。スズメガだ。目をこらしても、ほんのり白く浮きあがった花のまえに黒い影が動くのが識別できるくらいだが、やや遠くからかざした懐中電灯の光のなかで、その行動を見ることができる。

スズメガは羽ばたき続けながら、空中に停止して花の中心に長い口をのばして蜜を吸う。その間三秒ほどで、さっと退いて次の花のまえに停止する。そんな行動が断続的に二時間ほど続いた。午後九時をすぎるとスズメガは訪れなくなり、次に現れるのは日の出まえ、肉眼ではノートのメモが読めないほど暗いうちだ。このときのスズメガは光を恐れ、懐中電灯の光をちょっと当てただけでさっと逃げてしまい、二度と現れなくなる。

スズメガは大型のガの仲間で、昆虫の分類学の上ではチョウと同じチョウ目《もく》という名の分類群に属する。羽はやはり鱗粉でおおわれ、長い口を持っている。オオマツヨイグサの花は夜に咲いてスズメガを招くのだが、チョウに対するのと同じような仕掛けで花粉を運ばせているはずだ。長い口に対応して、細く長い筒のなかに蜜をたくわえ、雄しべや雌しべも花の前方に突きでている。さらに驚くことに、ヤマツツジと同様、花粉を糸でつづり花粉のネックレスを作っている。オオマツヨイグサとヤマツツジは、類縁関係は非常に遠い植物だが、チョウ目という鱗粉をまとった口の長い昆虫への対策として、まったく同じ原理を利用しているのだ。

カラスウリのレース標識作戦

町なかでも、あまり手入れされない植え込みには、たいていカラスウリが絡《から》みついていて、白いレースのような花で夏の夜を演出している。ただ日が暮れてから花が咲くため、帰宅を急ぐ人々にはほとんど気づかれることがない。

カラスウリの花の中心には星形の白い花びらがあり、その縁から白く細い糸を何本もだして、直径八センチにもなるコースターのようなレースを編んでいる。花はこのようなレースを編むことで、糸のあいだのすきまをも花の一部として取りこんで、少ない資源ながら花を大きく見せることに成功している。さらに、レース状にしたことで、その部分は灰色になり、中心にある白い星形の花びらを蜜のある場所と知らせる標識として目立たせることもしている。

カラスウリの花には、やはりスズメガがくる。スズメガは、飛びながら長い口を花のなかにさしこみ蜜を吸う。筒は深いため、スズメガの長い口でも、全部さしこまないと蜜が吸えない。そのとき、スズメガの口もとは筒の入り口にある雄しべや雌しべの先に必ず触れて、雄花から雌花に花粉を運ぶことになる。

スズメガ類の胴体は小指ほどの太さで、長さは三センチ前後もある。このように大きな体で活動するには、しっかりと羽を動かさねばならない。そのため、ス

カラスウリの花にくるスズメガ

ズメガは飛び立つまえに羽を震わせて準備運動をし、羽を動かす筋肉の温度を上げるので、胸部の温度はセ氏三十八度にもなるという。三十八度という体温はかなり高いので、網で捕らえてつまむと、夏でも指先にほんのりと温かみを感じることができる。こうして、スズメガが体温を上げて活動するには多量のエネルギーを消費するが、カラスウリはそれに見合うだけの蜜を出しているから、それを知っているスズメガはこの花を好んで訪れ、確実に花粉を運んでくれるのだ。

赤く熟すカラスウリによく似て、実が黄色に熟すキカラスウリという植物がある。ＪＲの線路ぞいのフェンスに絡みついているこの花に、どのような昆虫が来るかを見るために、立教大学の多田多恵子《ただたえこ》先生と待ち合わせをした。約束の時刻より早めについたので、乗っていった自転車を立てかけ、観察しながら待っていると、防犯ベルのヒモをしっかりにぎりしめた若い女性が私から離れた道の端を足早に通りぬけていった。夜咲く花の観察には、怪しまれる、というリスクがつねにつきまとう。

多田先生がカメラを持って合流してからは、怪しまれることなく観察することができた。しかし、二百〜三百個咲いていた花の上には昆虫の姿がなかった。たった一匹、とても花粉など運びそうもない小さなガが来ただけだった。運悪くその日はスズメガ類が現れなかったのか、それとも翌日の午前中まで開いているキカラスウリには、昼間活動する昆虫が来るのだろうか、いまのところ謎のままだ。でも秋には、そこのキカラスウリの蔓《つる》にも黄色く大きな実ができていた。

性転換するクサギの花

一九九九年の夏には、日本でもヒトの性転換手術が行われたと報じられた。ヒトの場合性転換手術をしても、女性に転換したヒトが妊娠して子を産むことはできない。しかし、花の世界では性転換は日常的におきて、それぞれの性機能を完全に果たしている。

クサギの花も性転換をする。クサギに漢字をあてれば「臭木」、その葉をもむと悪臭があることから名づけられた。だが花は葉とは違い、ヤマユリに似た高い香りをあたりに漂わせて、夏を感じさせてくれる。

咲きたての若い花では、四本の雄しべをスッと前方に突きだして、さあ花粉をつけるぞという態勢にある。このとき、雌しべは大きくカールして、先端は花びらの下にあって花粉を受けようとはせず、花は雄しべだけが機能している。だが、翌日になると、雄しべと雌しべの位置が入れかわる。雌しべが真っすぐに前方にのびて、先端が開いて花粉を受ける態勢がととのう。一方、雄しべはくるくるっと巻いてしまって昆虫に花粉がつかなくなっている。花は、雌に性転換したのだ。

私はこの花で、性の変化や訪れる昆虫の種類や行動などを長い時間かけてくわしく観察したことがある。一九七二年八月のことで、自宅からそう遠くない所にあった小さな森のクサギの木の下で、一日かけて調査した。お昼にはまだ、小学生だった子供たちが弁当をとどけてくれたのを、懐かしく思いだす。もう三十年ほど前のことだ。ご多聞にもれず、その森も今は住宅に入れかわってしまった。

花には昼夜を問わず、スズメガ科の何種類かのガが来て飛びながら蜜を吸って

クサギの花の性転換

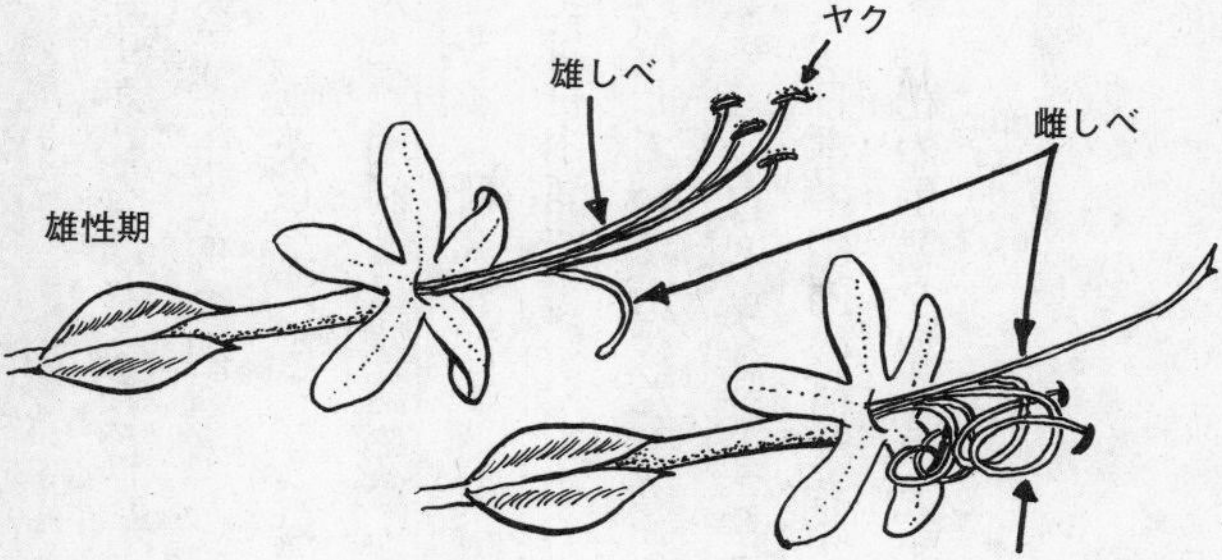

いた。日中はスズメのような褐色のヒメクロホウジャクや、羽が透明で胴体が緑色のオオスカシバなどが多い。これらスズメガ類のほかに、キアゲハやクロアゲハなど大きなチョウも来た。夕方になるとスズメガ類はホシホウジャクやクロホウジャクに入れかわり、日没後には赤みがかったコスズメが来て蜜を吸った。

アゲハチョウ類は花にかるく足をかけ、スズメガ類は、花のまえの空中にヘリコプターのように静止して長い口をのばし蜜を吸う。そのとき、ガの腹面は雄しべの先に触れて紫色の花粉がつき、その花粉はガが雌の状態の花を訪れたとき雌しべの先にすりつけられる。

昆虫が花を訪れるたびに、雄しべに触れたか、雌しべに触れたかを記録した。千六百三十九例の観察をして、その結果をまとめ、翌一九七三年「植物研究雑誌」に発表した。すると、海外から何通も別刷を送ってほしいという手紙が舞い込んだ。別刷とは雑誌のなかから一つのテーマだけを別に印刷してとじた小冊子のことで、研究者間で研究成果を知らせ合う手段として交換されるものだ。この論文は日本語で書いたものだが、表や図の説明、それに要約は英語にしてあるので理解していただけたと考えている。

この論文は科学雑誌『Nature』十二月号の「学会切抜帖」に紹介された。しかし、日本の国内の研究者からは何の反応もなかった。一九七〇年代になっても、日本で花の生態を深く研究する研究者はほとんどいなかったのだ。

クサギにくる虫、夜と昼

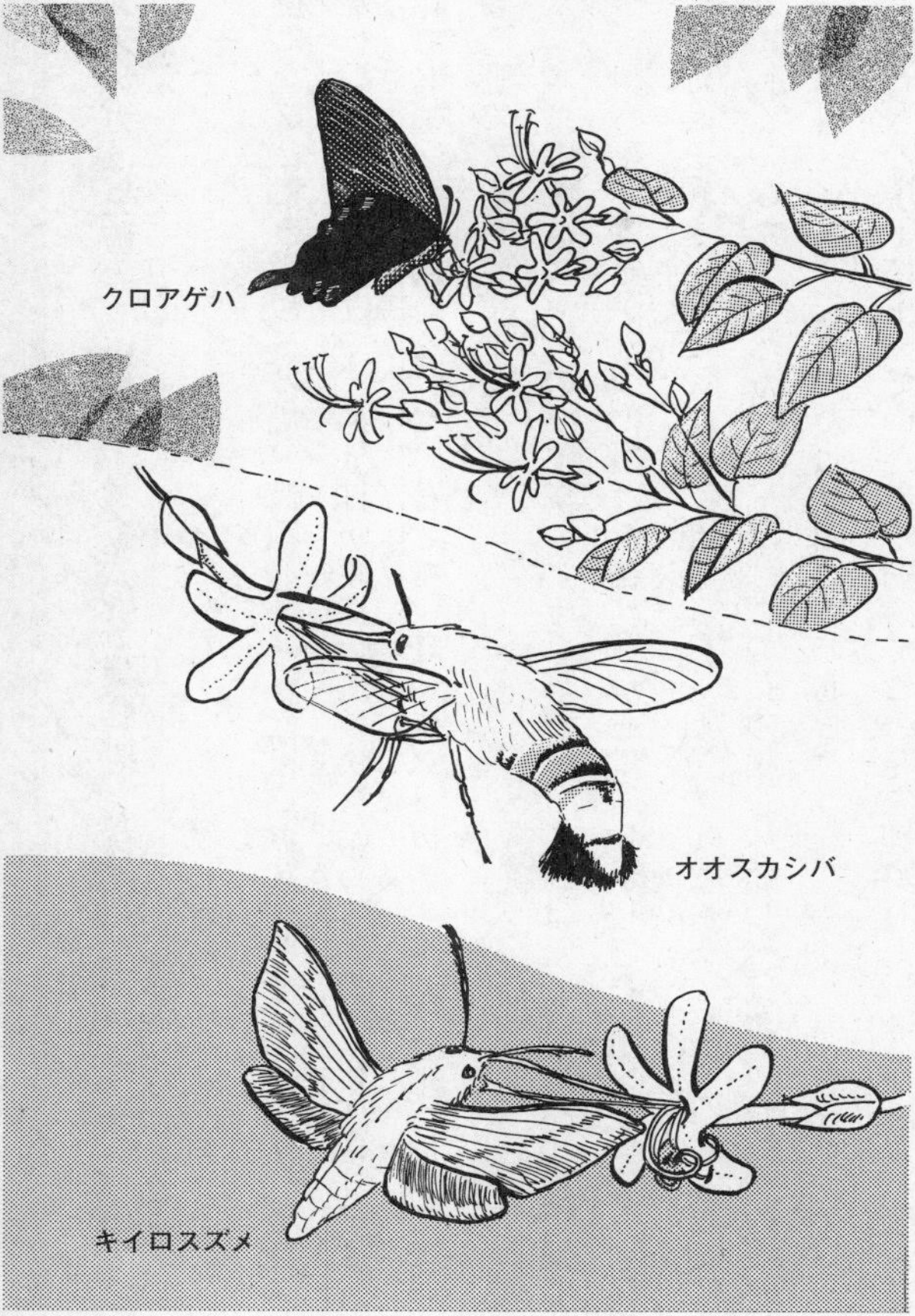

スズメガは見破っていたネムノキの分業作戦

夜になると葉を閉じるので、眠る木という意味でネムノキと呼ばれるのだろう。しかし眠るのは葉だけで、花は日が傾く頃から咲き始める。柔らかな香りを放ち、やはりスズメガの訪れを待つ。そして、花でスズメガをやさしくなでることで、花粉を運んでもらっている。

ネムノキの花はピンクのブラシのような形だが、これはたくさんの花の集団で、一つ一つの花には先が五つに裂けた花びらがある。しかし、それらの花びらは花を目立たせる働きはしていない。花の集団を目立たせているのは、ブラシの毛のように長くのびた雄しべや雌しべだ。この花の雄しべ雌しべは花粉の授受のほかに、花を引き立たせる役もかねた働き者である。

道路わきの崖下に生えていた樹で初めてこの花を観察した。そのとき、蜜は花

ネムノキの花とスズメガ

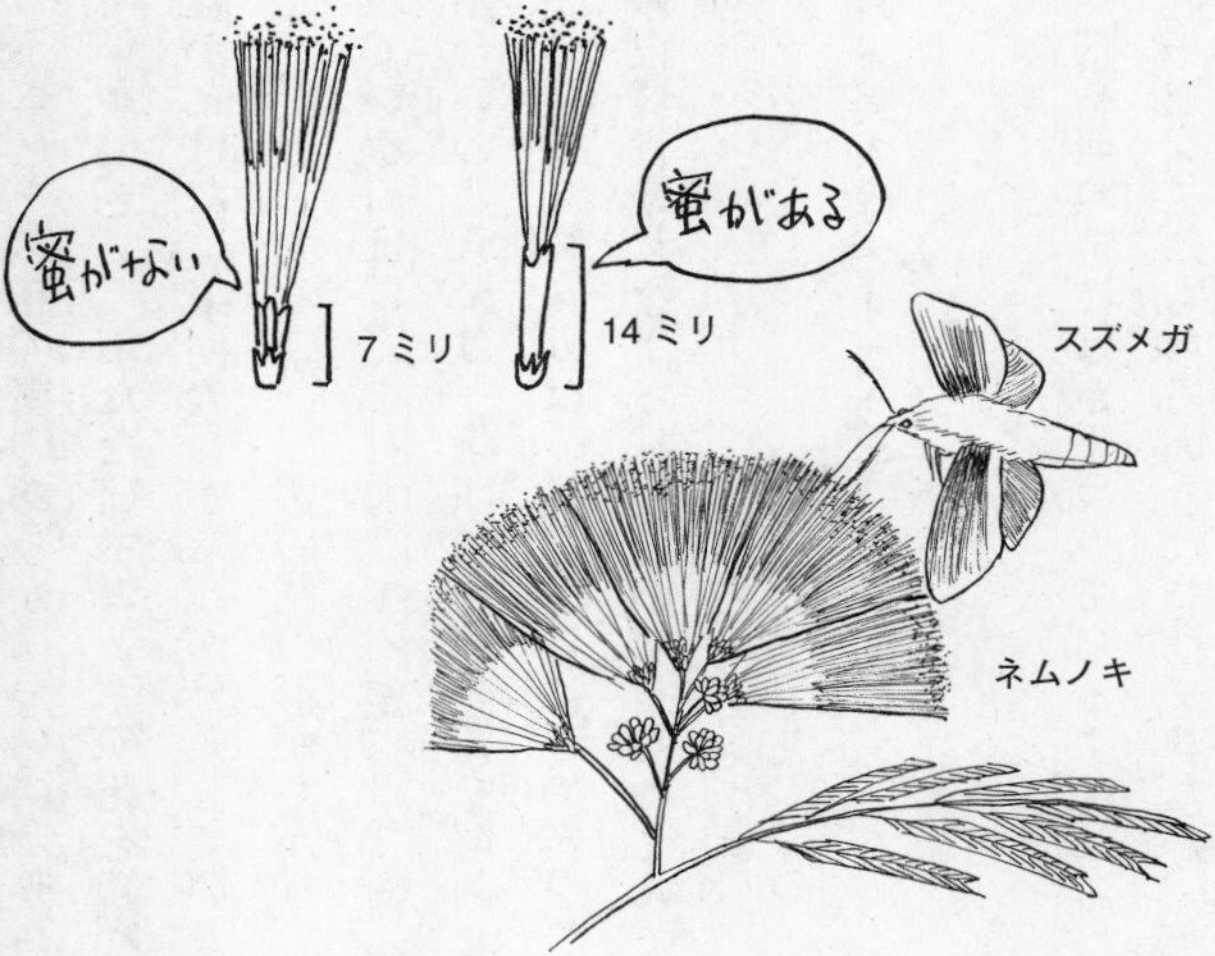

の奥にあるのが普通だからと、花の筒のなかを見た。そのなかには雄しべ雌しべがすきまなくつまっていて、ガの細い口でもさしこむ余地はないように見え、蜜も見いだせなかった。しかし、目のまえを飛んでいるスズメガは何回も何回も、蜜を吸う仕草をしている。蜜がなければガはそのような行動をとらないはずだ。なぜ蜜が見いだせないのか、うす暗い道端でいくつもの花を解剖しながら考えた。しか

し、ネムノキの花の蜜のありかはついにわからなかった。

何年か過ぎて、ふたたびネムノキの花を観察する機会にめぐり合ったとき、その謎がとけた。集団のなかで花が分業していたのだ。花の集団を解きほぐしてみると、中心にある二、三個の花の形がちがう。それらの花では雄しべ雌しべをたばねている筒は長くまた太くて、中には、あふれるほどの蜜が入っていた。最初の出合いのときには、集団の周囲の花を解剖していたのだ。頭のいいスズメガは、私を尻目にその蜜を吸い、花の上でヘリコプターのように停止飛行をしながら甘い蜜の味をたのしんでいたのだった。

月下美人はオオコウモリが好き

熱帯や亜熱帯にはオオコウモリとよばれるコウモリがいる。翼を広げると三十〜五十センチにもなる大きなコウモリだが、英語ではフルーツバットとよばれるので、ときに誤ってクダモノコウモリなどと訳されることがある。英名のように果実など植物質のものを主食とし、小笠原などでは農園の果実を食い荒らすので、害獣として殺された歴史を抱えている。このオオコウモリが蜜を吸い、花粉を媒介する花がある。

コウモリ媒花との最初の出合いの場は、東京・上野にある国立科学博物館の大《おお》井次三郎《いじさぶろう》先生の研究室で、トビカズラという大きなマメ科の花だった。ソラマメの花を大きくしたような形で、長さは六～七センチもあり、花弁もガクも暗褐色で堅く、しかもベタベタするほど多量の蜜があった。

この植物を含むトビカズラ属の花にコウモリ媒花が多いと後で知ったとき、トビカズラの花の大きさと色彩、それに多量の蜜の意味が理解できた。しっかりした花は、体重が三十～四十グラムもあるオオコウモリを支えるために、多量の蜜はコウモリの食欲を満たすために用意されたものだ。トビカズラは熊本県にも生育するというが、残念ながらそこにはオオコウモリは生息しない。日本国内でトビカズラ属の花とオオコウモリが出合えるのは、琉球《りゅうきゅう》列島と小笠原《おがさわら》だけなのだ。

ところで、夜間活動するコウモリを招くのに、なぜ白や黄色など明るい色ではなく暗い褐色の花なのだろうか。トビカズラ属のなかには薄い緑色の花をつけるワニグチモダマなどもあるが、上野で見たトビカズラは暗褐色だった。

スズメガ類は遠方からは嗅覚で花の存在を知り、花の近くまで飛んで来ると、目で見て花の中心を見定めて蜜を吸う。背景から浮きたって見える淡い色の花は発見されやすく、受粉の確率が高くなるので長い時の流れを超えて生き続けているのである。

毎年夏になると新聞やテレビでもてはやされる、ゲッカビジンも、野生の状態ではコウモリに花粉を運んでもらう。月下美人という優雅な名と、たった一夜でしおれてしまう、などの特徴でもてはやされているが、中米原産のコウモリ媒花だということはほとんど知られていない。花の色が白く、夜の淡い光のなかでも目立ち、コウモリが蜜を吸いに訪れるのだ。

では、トビカズラの仲間の花がなぜ明るい色彩ではなく暗褐色なのか。夜、林のなかを飛ぶコウモリが空を見上げたとき、穂になって下がっているこの花が、

トビカズラの蜜を吸うオオコウモリ

うっすらと明るい夜空を背景に、シルエットとして見えるはずだ。昆虫よりはるかに知能の高いコウモリは、そのシルエットの意味を理解できる。シルエットを作るなら、明るい色よりも暗い褐色のほうがより有効で、コウモリ媒花のなかには色の濃いものがいくつも知られている。

甘い葉っぱでコウモリを誘う――ツルアダン

亜熱帯の海に浮かぶ小笠原《おがさわら》諸島の最高峰、母島《ははじま》の乳房山《ちぶさやま》（標高四百六十二メートル）から下山するとき、ツルアダンの不思議な花に出合った。

ツルアダンは小笠原や沖縄など亜熱帯に生育するタコノキ科に属する植物で、細めの茎からは長さ四十〜六十センチの剣形《つるぎがた》の硬くて細長い葉を左右にのばし、ツタのように気根《きこん》をだして岩や樹木にしがみついて、はい上がっていく蔓《つる》植物である。

もうしがみつく物がなくなったところで、茎は直立し葉を四方にだすようになり、やがてつけ根付近が黄色い葉を三方にだす。次の葉は黄色い部分がより多くなり、内側にいくほど黄色の多い葉が目立つ。全体に黄色くやわらかな葉がでると、花の穂が三、四本でる。穂は長さ七センチ前後の円柱状になっている。穂には短い柄があって、アイスキャンデーやガマの穂によく似ている。穂の表面には、雄株では雄しべだけの雄花を四万個ほど、雌株では雌しべだけの雌花を千個ほどすきまなくつけている。

この状態の株を上から見ると、直径二十センチほどの黄色い花びらがあり、雄花や雌花の穂が雄しべや雌しべのように立っていて、あたかも一個の花のようだ。こんなとき、色のついた葉と雄花や雌花の穂を一体として、一つの花に見立てて「偽花《ぎか》」とよぶ。偽花はカステラのように、やや焦げた甘みを含んだ匂いがする。黄色い葉の一部を口に含んでみると、やわらかく煮た昆布のような歯ざわりで甘くおいしいものだった。この葉を餌に、鳥を誘って花粉を媒介させているに違いない。そのときは、少し観察したところで、傾いた太陽に驚いて下山を急いだ。

テレビで見るジャングルほどではないものの、道がはっきりしない暗い森のなかで迷子になりたくないからだ。

その翌日、この花に来る鳥の観察に一日をついやした。といっても花の咲いていた場所は堅い岩の裸地で、ブラインドを張ることはできず、周囲に隠れる場所もない。小笠原は亜熱帯、四月とはいえ強い光が降り注いでいたが、ただただ動かないようにじっと立って鳥がくるのを待った。

まず、小笠原の母島にしかいないメグロが遠くの花に来て、何やらついばんでいるようだった。そして、母島には人の手によって移入されたというメジロも見えた。ただ、これらの鳥は小型なため、中心の穂にはあまり触れず、花粉の媒介効率はよくないようだ。やがて、もっと大型なオガサワラヒヨドリが来て、偽花の周囲の葉に止まり中心の黄色い葉をついばみ始めた。そして雄の穂や雌の穂にも触れているようだった。雄の穂の表面は、よく粘りつく花粉におおわれていて、ちょっと触れても細かい花粉で指が褐色に染まるほどだ。その花粉をつけた鳥が雌の偽花にいくと、粘液でベタベタしている柱頭に花粉をつけることになる。

ツルアダンの花とオオコウモリ

このように、花粉を媒介する鳥が確認できたところで問題は解決したかに思えるが、偽花はなぜ甘い香りを放っているのかわからなかった。嗅覚が鈍感である鳥を招く鳥媒《ちょうばい》花《か》は、匂わないのが普通である。そして、鳥媒花は赤色か白色が一般的なのに、ツルアダンの偽花は黄色だ。

レポートを書く段階で文献を調べると、この花にはオガサワラオオコウモリが来ることがわかった。これで、偽花の匂いと色の謎が解けた。オオコウモリは、嗅覚や視覚をたよりに食物を探す。そのとき、ツルアダンの黄色い偽花は薄暗闇のなかでよく目立ち、甘い匂いはオオコウモリの食欲を誘うに違いない。そして黄色く柔らかい葉は、果物にかわる食料として提供されているのだ。

花の形には意味がある!

何やらいかめしい見出しになってしまった。本来なら、序文とか「まえがき」に書く項目かもしれない。しかし、最初からそんな調子でいくと堅苦しいものになってしまうので、このあたりで本書の姿勢について書くことにした。

私が興味をもっている花生態学は、いまから二百年前の一七九三年に出版されたスプレンゲルの研究に始まり、百五十年前の一八五〇年頃から五十年間ほど大いに栄えた植物学の一分野である。当時は主にイタリアやドイツで研究されていた。そこでは、昆虫に花粉を運ばせるのに花がいかに巧妙にできているか、花はどのように性転換しているのか、どんな昆虫が訪れるのか、などつぎつぎと記録されていった。

それらの研究を集大成したのが、ドイツの学者クヌートという人物である。一八九八年から一八九九年にかけて、『花生態学ハンドブック』と題した著書を出版した。この著作は三分冊になっており、全体で千八百二ページ、厚さは八センチにもなる。ヨーロッパの植物を中心に、それまでに研究された約三千種もの花の生態が記述され、訪れた昆虫のリストが並べられ、その出典まで明らかにされている。

しかしその後、観察し記録するという博物学的な方法での花の生態の研究は限界をむかえ、しだいに衰退していった。そして生物学の研究は、メンデルの法則の再発見などに刺激された遺伝学や、研究機器の発達にともなう生理学の研究に大きく傾いた。新しい学問がさかんになるにしたがって、花の形がいかに巧妙にできているか、といったような思考方法は擬人的であり、花の形や機能を何か目的があるかのように説明するのは科学的ではない、という考えが広まってきた。

一九五〇年代後半に、東京大学で公開講座を聞いたときのことだ。担当の教授は、「花の形や色は遺伝子に組みこまれた手順によって決まってくるもので、タンポポの花が黄色いのは昆虫の目をひくためだ、などというのは科学的ではない」という意味の話をされた。

たしかに、タンポポは昆虫の目をひくために黄色いのではない。それは化学変化の結果できた化学物質が、黄色い光を反射しているからだ。もしタンポポの花の色と昆虫の関係を説明するならば、「タンポポの花が黄色かったので、昆虫が花を発見しやすくなり、その結果受粉の機会が増し、生き残ってきた」と言わないと、当時は受け入れられなかった。

いまもこのような思考方法が正しいのだが、少し考え方がゆるやかになった。生命現象を化学変化の積み重ねとして説明する至近要因と、その結果が子孫を増やすためにどのような役割を果たしているかという究極要因との、二つの柱を立てて解釈されるようになった。タンポポの例で言えば、花びらが黄色いのは、「化学変化の積み重ねの結果できた色素のためだ」とする至近要因と、「昆虫の目をひ

スプレンゲル著『花の構造と受精』の表紙

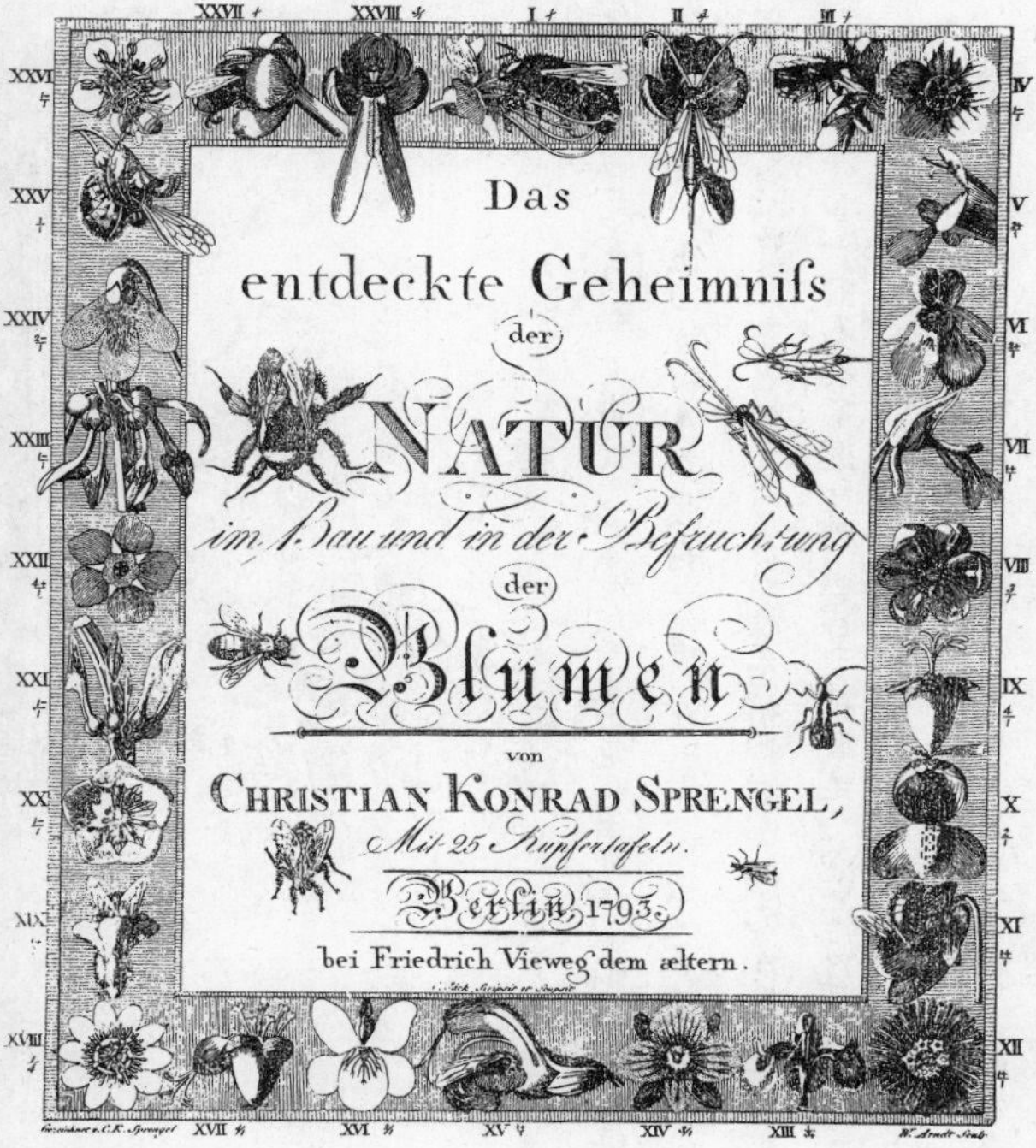

くために花びらが黄色く進化したのだ」と考える究極要因とにわけて、解釈される。

この本では、花の仕組みや機能を花の立場に立って書いていくので、花の形や色などは受粉する上でどのような意味を持っているのかと、「究極要因」のみを問い続ける。一つ一つの例で進化の過程を踏まえた記述はせず、ある意味では意識して、擬人的または目的論的な記述を多くしてある。しかし、その思考のベースには進化や自然選択といった考えがあってのこと、そう考えてお読みいただきたい。

第三章
頼れるハナバチ

レンゲソウの花園

野にでて「きれいねー」と言っているとき、人は花の色を見ている。「かわいいわねー」と言っているのは花の姿を見ているときだ。しかし、花の本当の姿を見るのなら、腰をおろし視線を低くして観察してほしい。

視線を下げると、レンゲソウの花は直立した茎の先に、いくつかのピンク色の花が丸い輪を作った「花の穂」であることがわかってくる。レンゲソウという名は、この輪になった花の姿を小さなハスの花、すなわち蓮華に見立てたものだ。

このような視線で観察をしていると、レンゲソウの花の上を舞うチョウが見え、耳をすませばブーンというミツバチのやわらかな羽音が聞こえてくるはずだ。ミツバチは花に止まるとせわしげに、一つ一つの花を訪れ穂を一回りしてから隣りの穂に飛んでいく。目が慣れてくると、ミツバチのこまかい動きまで見えるよう

チョウが舞い、ミツバチが蜜を吸うレンゲソウ

になる。ハチは花に止まると頭を花の奥に押しつけて、脚で花びらをこじ開けて二、三秒後には隣りの花にうつるようだ。このとき、何が起きるのだろうか。

そうそう、この機会に言っておこう。花に来ているときのハチは刺さない。可能なら蜜を吸っているとき背中をなでても平気なほどだから、三十センチも離れていればまったく安全だ。目を近づけてゆっくり観察しよう。

レンゲソウの一個の花は正面に立つ大きく赤い花びらと、その下にやや複雑な形の花びらの一群があるが、雄しべ雌しべは見当たらない。雄しべ雌しべを見るなら、指で大きな花びらをつまみもう一方の手で下側の花びらをつまんで、開くようにするとよい。すると下の花びらのなかから細い糸の束のような雄しべ雌しべがでてくる。ミツバチが花びらをこじ開けたとき、ハチの腹の下には雄しべ雌しべがでてきてハチに花粉をつけ、ハチからは花粉を受け取っている。

レンゲソウの花をじっくりと撮影したのは、一九七三年の春だ。当時、山梨県立女子短期大学の教授をされていた長田《おさだ》武正《たけまさ》先生が、本を書くように出版社に推薦してくださり、秋までに二百枚以上のカラー写真が必要になったからだ。『花

レンゲソウの花の構造

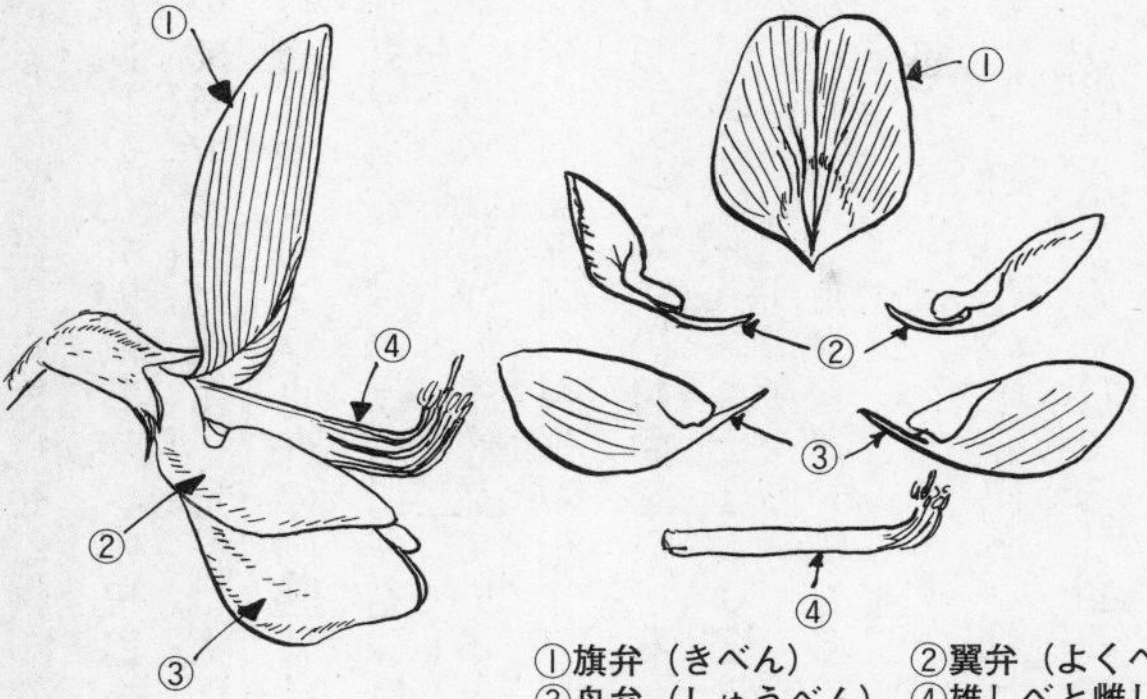

①旗弁（きべん）　②翼弁（よくべん）
③舟弁（しゅうべん）　④雄しべと雌しべ

と昆虫』（保育社）と題した、私にとっては初めての本であった。田んぼの畦《あぜ》でレンゲソウの花の構造をわかりやすく示そうと、青い紙の上にばらばらにした花びらや雌しべをきれいに並べてシャッターを切ろうとしたら、風で乱されてしまう苦闘をしいられた。花に来るミツバチの蜜を吸うときの早業《はやわざ》にも悩まされた。

レンゲソウの花弁は全部で五枚あり、形の上では三種類に分けられる。この三種類の花弁は、それぞれ異なった役割を持っている。まず、正面に立っている花弁は大きくてよく目立ち、「花があるよ」と昆虫に知らせる旗印の役を持っていて、旗弁《きべん》とよばれる。花の下側には四枚の花弁があるが、中央にある二枚の花弁は合しての船の舳先《へさき》のような形なので舟弁《しゅうべん》とよばれる。舟弁は大切な雄しべ雌しべを左右から包みこんで保護する役をもっている。舟弁の両脇には舟弁としっかりと組み合ってハチの足場になる花弁がある。翼のように左右にはりだしているので、翼弁《よくべん》とよばれる。

花を訪れたミツバチを見ていると、正面に立つ旗弁のもとのほうに頭を押しこみ、後ろ脚で下側の四枚の花弁を押しさげる。すると舟弁のなかから雄しべ雌しべがでてきてハチの腹面をこする。なぜこんなことが起きるのだろうか。旗弁はつけ根近くが雨樋《あまどい》をふせた形で花の柄にしっかりついて、動きにくくなっている。それに対して、舟弁と翼弁はもとのほうが細い柄で、わずかな力でも曲がってしまう。だから、ミツバチが花に止まり、力を入れると下の花弁はみな下向きに曲がる。ところが花の中心にある雌しべは花の柄にしっかりついて動かないので、先端が花びらから飛びでる仕組みになっているのだ。

雄しべは十本あるが、もしそれらの雄しべが動かないようにしっかりした柄

（花糸(かし)）を持つとしたら、レンゲソウはかなりの資源を花糸のために使わなければならない。しかし、レンゲソウをはじめ、マメの仲間の花はうまい方法で省資源をはかっている。花をばらばらにしてみるとわかるが、花糸は隣り同士がくっついて薄いラップ状になっている。雄しべは、そのラップで円柱形の雌しべを包んでいるので、舟弁が下がったときに雌しべを包んだまま行動をともにして、花びらの外に出られる。

ただ、十本ある雄しべすべてで雌しべを包んでしまうと、ハチは雌しべのつけ根にある蜜を吸えなくなる。じつは十本の雄しべのうち、九本が円筒状になっていて、筒の上側は合(がっ)していない。筒を作ろうと紙をまるめて、のり付けする直前の状態といったらいいかもしれない。手を離すと紙は少しもどってすきまができる状態だ。そのすきまに、残る一本の雄しべが走っている。もとのほうでは、筒がちょっと遠慮してすきまを広くして、ハチが蜜を吸うとき口をさしこみやすいようになっている。

破裂するぞ——エニシダ

突然パチンと破裂して、ムチで強くたたかれ、体を縛られてたくさんの粉を振りかけられてしまう。そんな目にあったら、そこには二度と近づかないだろう。しかし、堅い殻に包まれているハチたちは、それくらいの仕打ちは気にしないようだ。こちらの花でパチンと粉を浴びても、すぐに次の花へ行ってパチン。

五月の初めに咲くエニシダの花が、そのように乱暴な方法でハチたちを歓迎する。エニシダは公園などに植えられる高さ一～二メートルになる低木で、長さ二センチほどの大きめな花をつける。近頃、花屋さんでは細かな黄色い花をたくさんつけた鉢植えの植物をエニシダと称して売っているが、これは近縁の種類だがヒメエニシダという植物で、ちょっと違う。

東京では大型連休のさなかになるが、朝十時頃公園にでかけてエニシダを見る

ハチを巻き込んで破裂するエニシダ

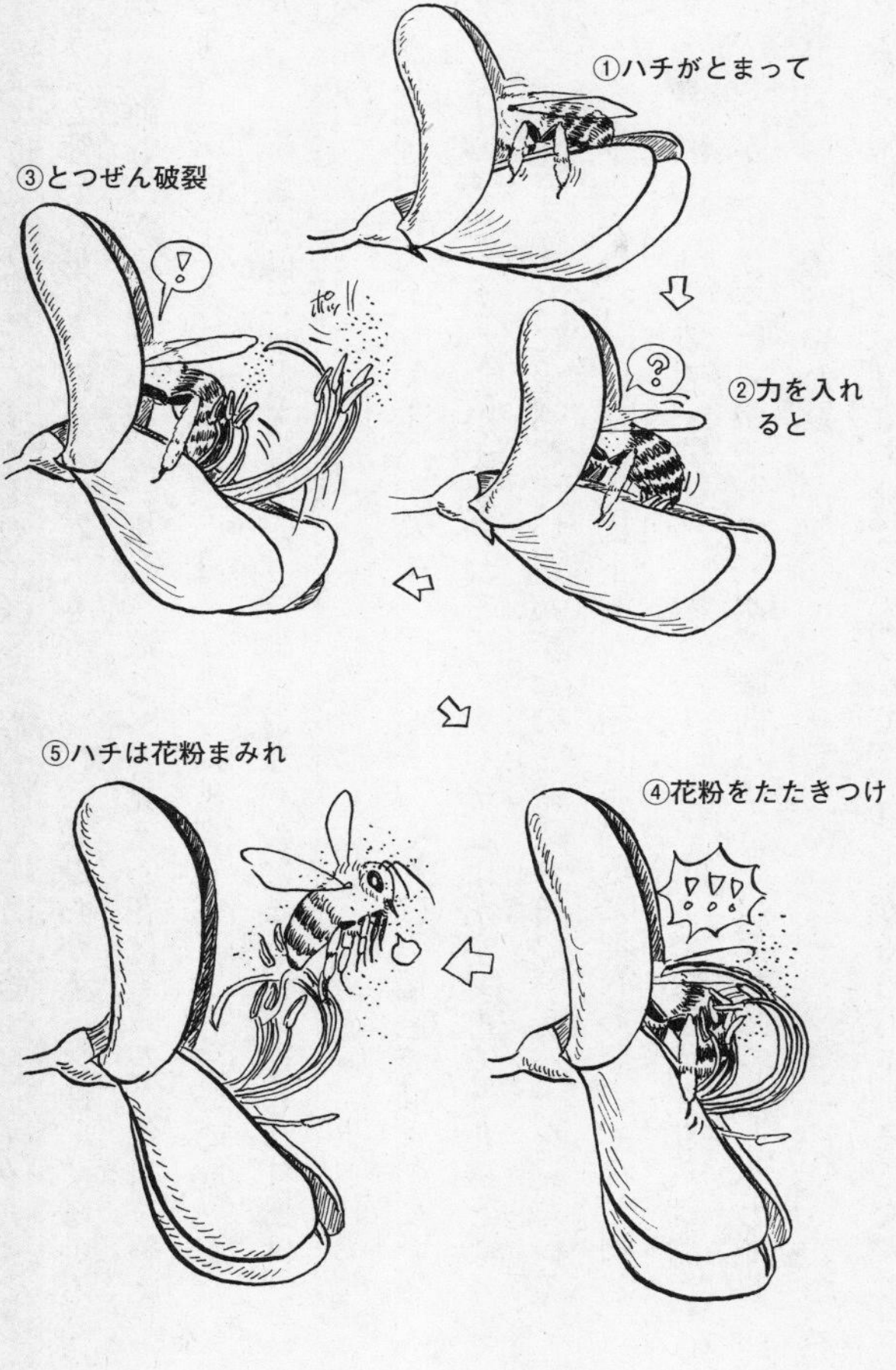
①ハチがとまって
②力を入れると
③とつぜん破裂
④花粉をたたきつけ
⑤ハチは花粉まみれ

と、状態の異なった二つの花が目につく。一つは花びらが大きく開いてクルッとまるまった雄しべ雌しべが見える花、もう一つは、花びらが上下に開いてはいるが雄しべ雌しべが見えない花だ。雄しべ雌しべが見える花はもう花の役目を終えてしまっていて、それらが見えないほうがまさに破裂しようとしている成熟した花だ。ちょっと常識に反しているが、常識と違うものにこそ、何かしら仕掛けがある。

この花には茶色のトラマルハナバチ、ミツバチ、それに灰褐色で触覚の長いヒゲナガハナバチなどのハナバチが訪れる。ハナバチとは漢字で書くと花蜂となり、文字どおり花をたよりに生活しているハチなのだ。それらのハナバチを見ていると、レンゲソウの場合と同様に花に止まって頭を花の奥に押しつけて、後ろ脚と中脚を踏んばって下の花びらをぐっと押す。ちょっとの力では下の花びらは開かないが、やがて縦に裂けめができて、次の瞬間パチンとはじけて、雄しべと雌しべが飛びだしハチの背をたたく。

成熟した雄しべ雌しべは下の花びらのなかで、はね上がろうしているのだが、袋のように閉じた花びらに押さえこまれている。その花びらをこじ開けようとするハチの力が、袋の接合を解いたとき、一気に飛びだすようになっている。そして雄しべと雌しべの先はハナバチの背をたたき、背に花粉をつけ、背につけてきた花粉を受ける。そのとき勢いあまった雄しべ雌しべがハナバチたちをクルッと巻いて縛ってしまうこともある。そんな目にあっても、ハナバチは熱心に花を訪れ続ける。

じつは、花のなかをいくら探しても蜜はない。それどころか、雄しべは完全に筒になっていて、レンゲソウの花の雄しべの筒にあったような蜜を吸わせるためのすきまもない。それでも、ハチは花に来る。ハチのあまりの熱心さに、進化論で有名なダーウィンは「なにかおいしいごちそうがあるに違いない」と書いているが、そのおいしいごちそうとは「花粉」である。

ハナバチたちを喜ばす花粉には、どんな栄養があるのだろうか。以前、本を書くために花粉の栄養価を調べたことがある。エニシダの花粉は見当たらなかったが、日本花粉学会が編集した『花粉学事典』（朝倉書店）にヤマユリの花粉の栄

ヤマユリの花粉と焼いたサンマの栄養価

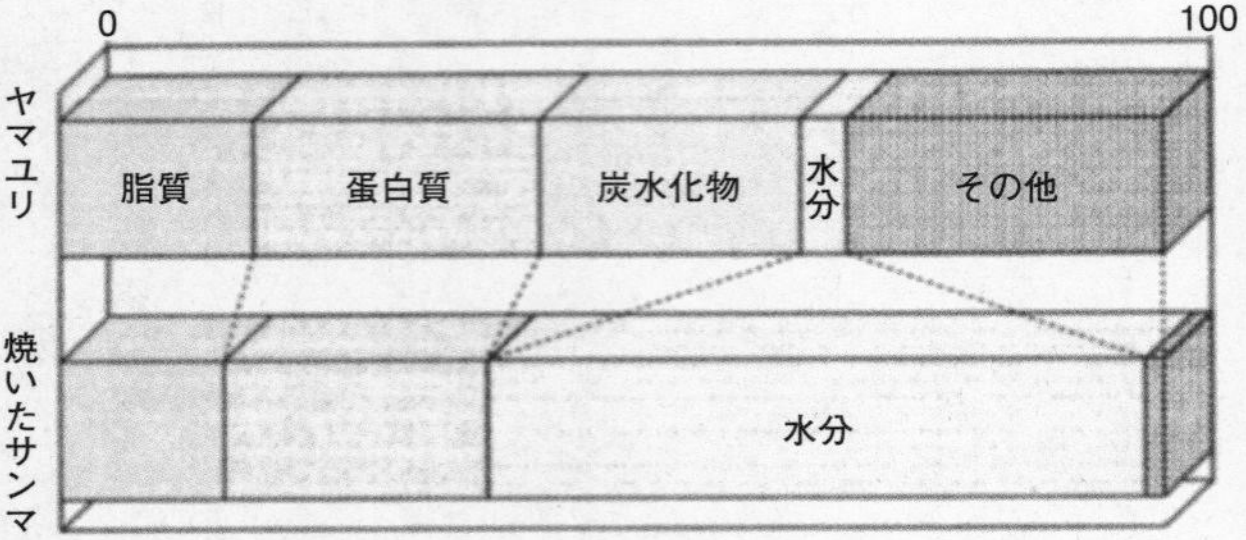

養価がでていた。タンパク質が二十六パーセント、脂質が十八パーセント、炭水化物が二十四パーセント、水分が四パーセントとある。しかしヤマユリの栄養価をみるだけでは、どのような意味を持つのかわかりかねるので、図書館から科学技術庁資源調査会編集の栄養表を借りてきて、一ページ一ページくりながら、ヤマユリの成分に似た食品をさがした。

あった、焼いたサンマの栄養価がかなり近い。そして両者を比較したら、タンパク質と脂質の比はよく似ていて、違うのは水分と炭水化物の比だった。サンマでは水分が六十パーセントもあり、炭水化物は〇・一パーセントと少ないが、ヤマユリの花粉は、炭水化物が二十四パーセントと多い。見方を変えれば、焼いたサンマにご飯がついた定食のようなものだとわかった。

エニシダの花粉も似たようなものかもしれない。

ハナバチたちはこのように栄養価の高い花粉をあつめて巣に持ちかえり、幼虫たちのえさにする。ハチの体をつくるのに欠かせない食品なのである。またマルハナバチの仲間は花粉を巣の壁に塗り込めて建築材としても利用している。花と昆虫というと蜜のみを連想してしまうが、昆虫にとって花粉は蜜とともに大切な資源である。

注：エニシダは以前はよく見かけたが、寿命が短いため今ではまれになった。

下向きに咲く意味は――スズラン

スズランの花をご存じだろう。小さな白い花が一列に並んで下向きに咲き、ちょっと反《そ》り返った花びらの先が美しい曲線を見せてくれる。我々が使う道具や機器は機能したとき、美しさがにじみでてくるものだ。スズランの花からは、そのような機能美を感じる。

「スズランなど下向きの花の先は、なぜ反り返っているのでしょうか?」

　これは私がスライドを使った講演中によくだす質問だ。「花の形には意味がある」――それを解くのがおもしろくて花の生態を調査し続けてきたので、聴講者の皆さんにも同じ興味を持っていただこうと、このように問いかける。

　聴講者が首をかしげたところで、ハナバチが止まった写真をスクリーンに映すと、「あー」と納得した声がもれてくる。左ページの図のように、反り返りにつかまって蜜を吸うのだ。ただこの反り返りはどの昆虫も利用できるものではない。花にきて、逆さに止まれる昆虫はハナバチとチョウの仲間だけである。そのなかでも、このように小さな足掛かりを使って腹を上にして止まれるのはハナバチだけだ。見方を変えれば、花がハナバチだけを選ぶ手段として、スズラン型の花を進化させてきたともいえる。

スズランの花の構造とマルハナバチ

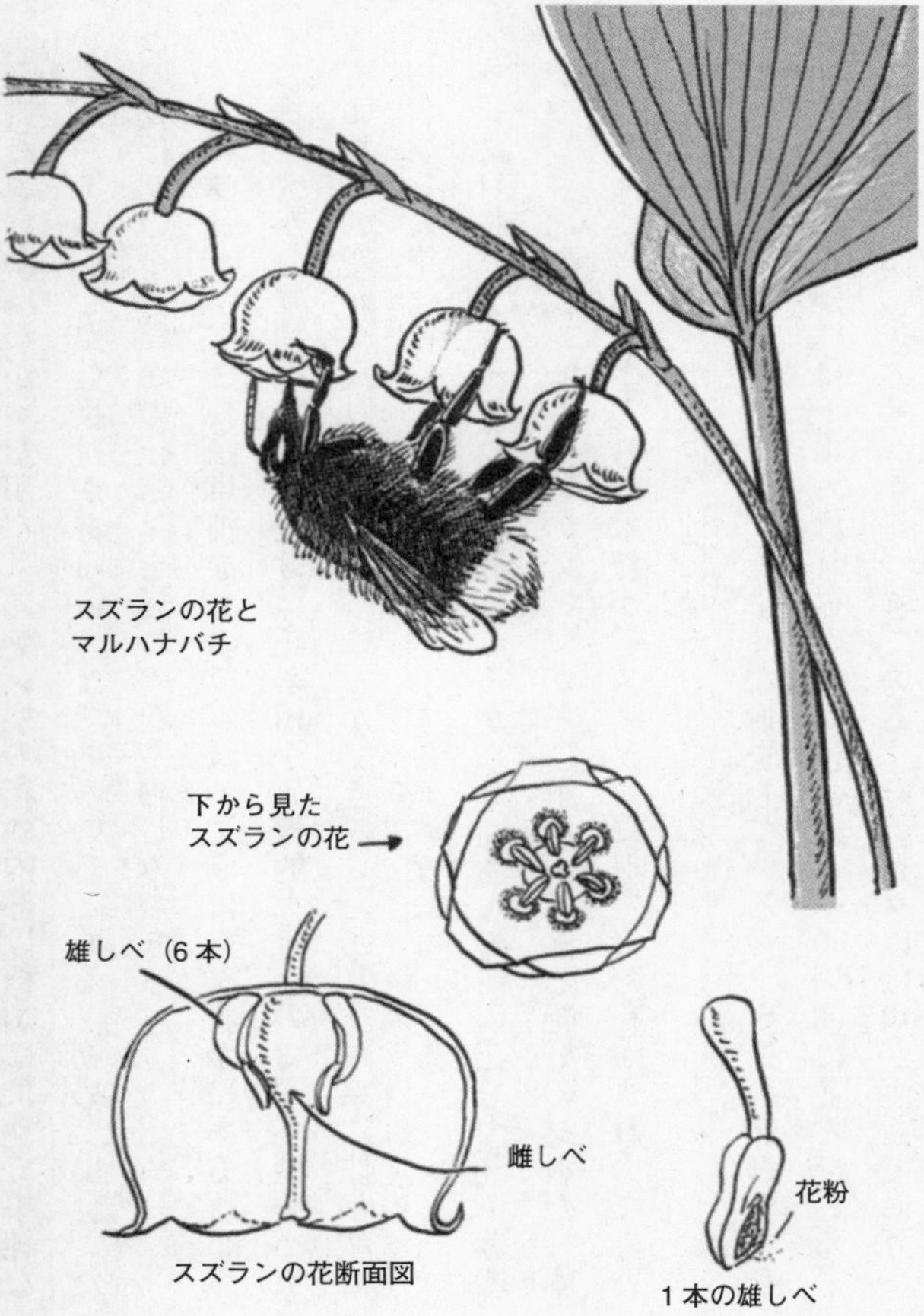

外から見たようすはわかったが、スズラン型の花の内部は種類によって単純なものから、ちょっとした仕掛けがあるものまでいろいろとある。初めて出合った下向きの花は、いつもなかの仕組みを見るのがたのしみである。

まず、スズランだが、これは単純なもので、図のように真んなかにある雌しべを六本の雄しべが取り囲んでいるだけ。花の口が比較的大きいので、小型なハナバチでも頭を花のなかに入れて蜜を吸うことができる。ただし、東京に住む私にとってスズランの花は貴重で、なかなか解剖する気になれない。

スズランに対し、ソメイヨシノが散るころからたくさんの白い花をつり下げるドウダンツツジの花は、数が多いので、気がるに解剖ができる絶好の材料だ。本来は日本の暖地に自然に生える低木だが、スズランに似た形の花がきれいなのと、真っ赤な紅葉をたのしむために各地に植えられている。

花は長さ七〜八ミリでツボを伏せたような形をしている。ツボ形の花びらをそっと切り取ると、なかには十本の雄しべが、緑色の雌しべの周囲に並んでいる。雄しべは白い柄と淡黄色のヤクからできている。そのヤクには角《つの》が生えており、

下むきの花の蜜の貯えかた

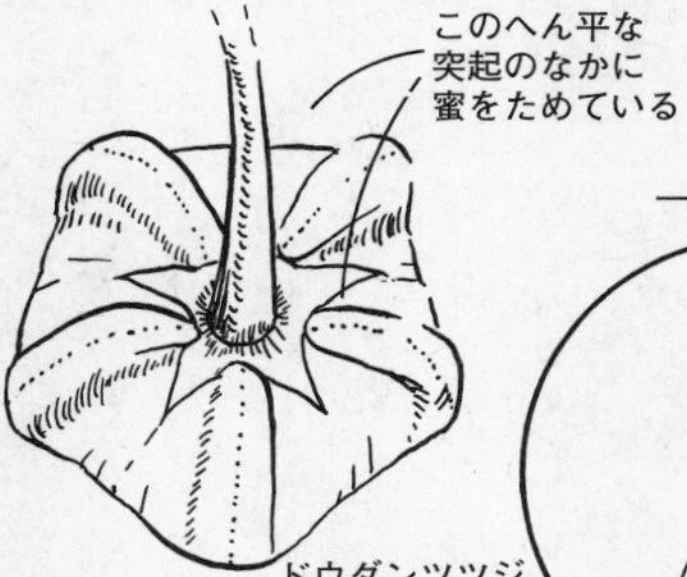

ドウダンツツジ
上から見たところ

一本の雄しべ

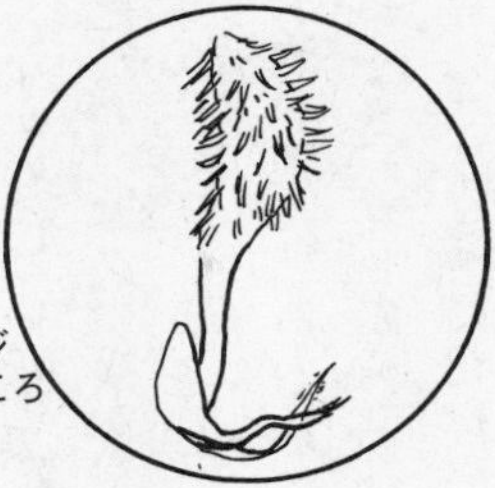

ドウダンツツジの花の断面

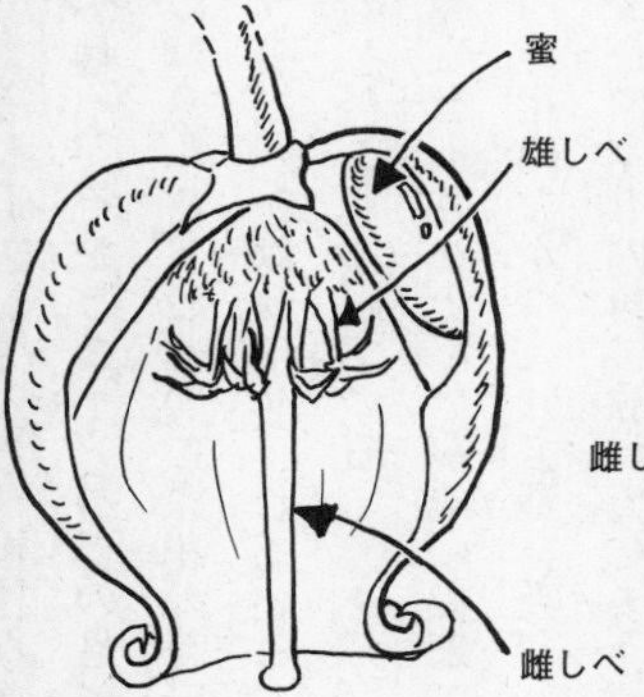

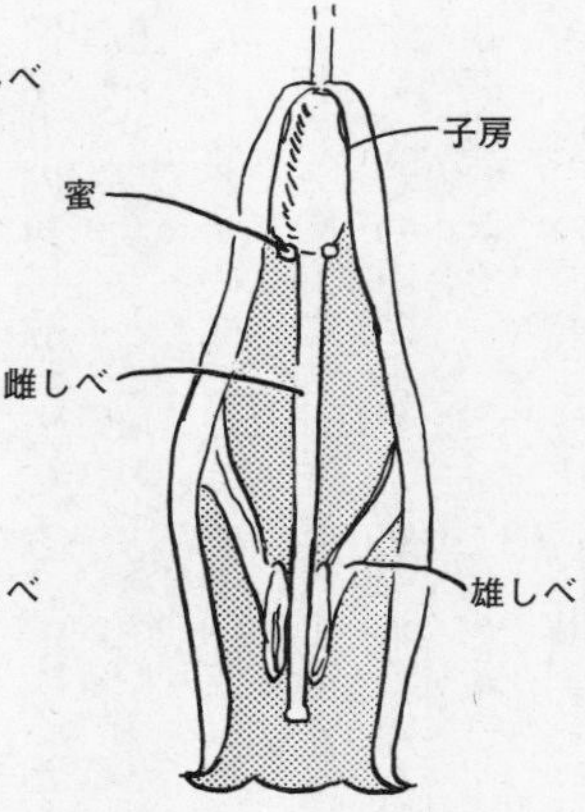

ナルコユリの花の断面

アフリカの草原を走るインパラの頭のような形をしている。楊枝《ようじ》などの先でこの角をつつくと、角と一緒に頭の部分が動く。そのときインパラの目にあたる部分の穴から、白い花粉がパラパラとこぼれ落ちる。多くの虫媒花の花粉は昆虫につきやすいように粘るが、ドウダンツツジの花粉はサラサラしている。ここまで試したらあとは想像の世界で推理をたのしむことにしている。

ドウダンツツジの花にはミツバチやヒゲナガハナバチが飛んで来て、花びらの反り返った縁に脚をかけて止まり、口を花のなかに入れて蜜を吸う。そのときハチは花のツボのなかいっぱいに広がった何本もの角に触れてしまう。するとヤクをゆすることになり、ヤクのなかから花粉がサラサラとこぼれてミツバチの顔にふりかかる。このときもし花粉がねばったら、ハチの顔でなく細い口先につくだけになり、少ししか運んでもらえないことになる。花粉で顔を白くしたハチが次の花に止まったとき、真っ先に触れるのが、ツボの口にまでのびて来ている雌しべの頭だ。こうして雌しべに花粉がつくと推理できる。

ところで、ドウダンツツジの花は下向きに咲くのに蜜はなぜ流れ出ないのだろうか。花の蜜は、ミツバチが蓄えている蜂蜜ほど濃くないので、それだけ流れやすい。しかしこの花は巧妙に蜜をとらえておく仕組みを持っている。

花びらのツボの底にはツボの脚のような突起が五つある。その突起のなかは左右から花びらの壁が迫った狭いすきまになっている。そこに蜜がはさまれて、毛細管現象《もうさいかんげんしょう》によってしっかりと留められているうえ、雄しべのもとのほうには細かい毛が生えていて、蜜は筆に含まれた墨汁と同様に流れでないのだ。

しかしドウダンツツジと同じツツジ科のアセビの花では何の工夫もされていない。蜜はツボ形の花びらの壁にもりあがるように貼りついているし、ユリ科のナルコユリの蜜は雌しべの子房《しぼう》（後で実になる部分）の端に粒のように留まっている。花のように小さな構造物のなかでは、表面張力とか付着力とかよばれる力が重力に打ちかっていて、体が大きく重力に支配されている我々ヒトの住む世界とは、違った力の世界が展開しているのだ。

特製のメス

ドウダンツツジの花の内部の様子を描いたが花を手で割ろうとしても小さくてつぶれてしまう。そのようなとき、私は特製の解剖用のメスを使用する。何の本にこの作り方が書かれていたか忘れたが、「安全カミソリの刃を布に挟んでたたき割って、使いやすそうな形に割れたものを縫い針の頭に放電溶接する」というものだった。

放電溶接とは、溶接したいものを接触させておき、そこに高い電圧の電流を瞬間的に流して、接触面を溶かして溶接させる方法だ。しかしそんな装置は身近にはないので、もっと簡単な作り方を考えた。

さいわい今はステンレス製の両刃のカミソリの刃があるので、たたき割る必要はない。まずカミソリの刃の油気をとる。そして丈夫なハサミでカミソリの刃を

解剖用メスの作り方

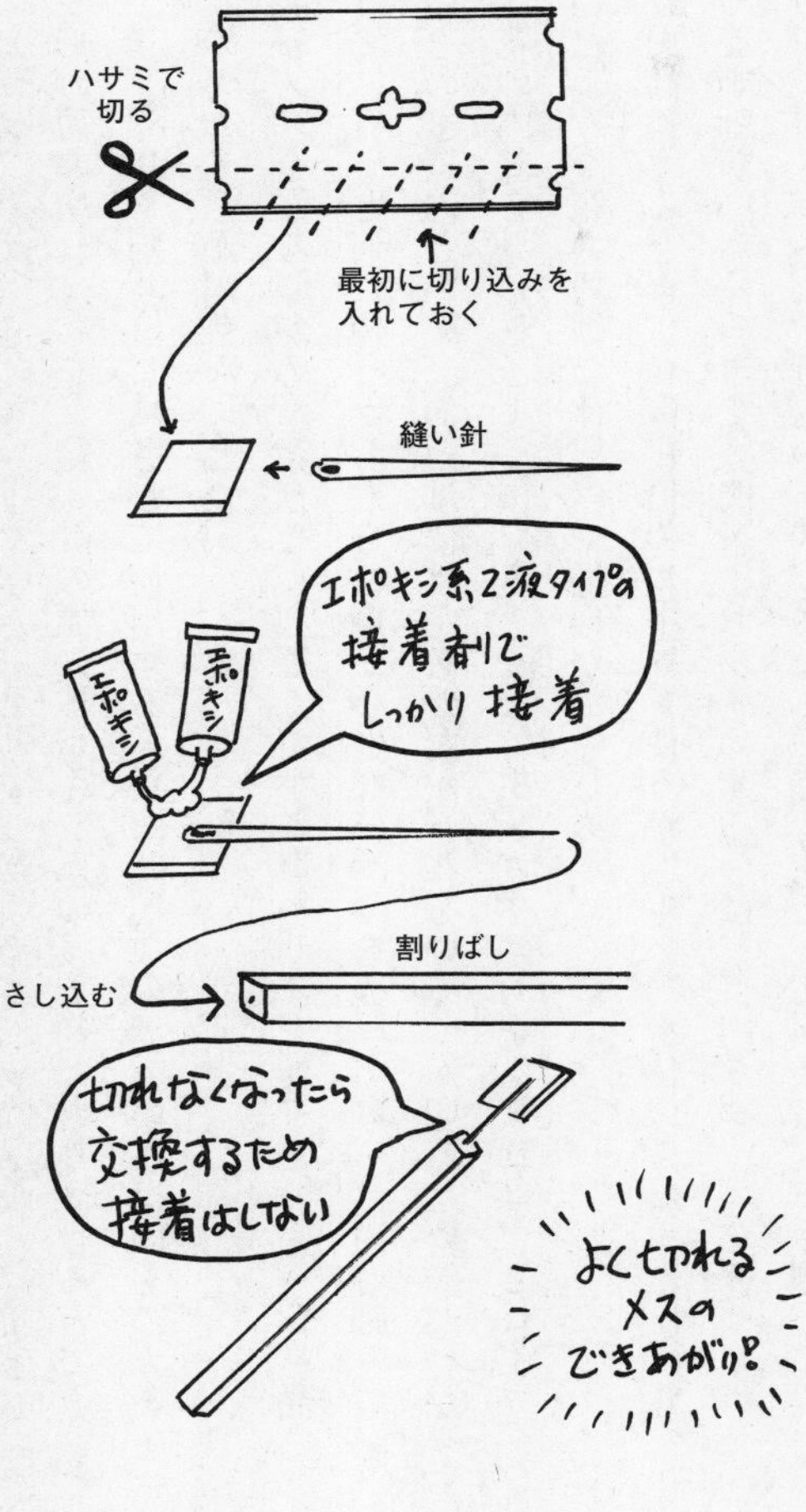
ハサミで
切る
最初に切り込みを
入れておく
縫い針
エポキシ系2液タイプの
接着剤で
しっかり接着
エポキシ
エポキシ
割りばし
さし込む
切れなくなったら
交換するため
接着はしない
よく切れる
メスの
できあがり!

前ページの図のように細かく切る。このときカミソリがステンレスでないと、ハサミの刃がこぼれてしまい、砕けたカミソリの刃が飛び散るのでたいへん危険だ。ヒシ形の刃の切れはしを、縫い針の頭にエポキシ系の接着剤でとりつけるとできあがり。それを割りばしにさして使用する。ただ問題なのは、いまは両刃のカミソリの刃の入手が困難なことだ。

もしメスを作るのがめんどうなら、細くて小さなハサミを使うといい。化粧品売り場に行くと何に使うかわからないが小さなハサミを売っている。刃が細くて短いものを選ぶといい。あとは慣れが必要だが、花をいくつか切ると要領がわかり、花の内部を見られるようになる。そして虫メガネの力を借りれば、これまで書いたような花の巧妙な仕組みや推理がたのしめる。

花を観察するとき、私は10倍のルーペを使うが、ルーペを使いこなすには、ちょっと訓練がいる。そこで入門者におすすめするのは、百円ショップで売っている百円の虫メガネだ。百円の虫メガネなら誰でも使え、花の仕組みをくわしく観察することができる。百円の虫メガネより、千円、二千円のルーペのほうがよく見えるのは確かだ。しかし、虫メガネなら野外で紛失しても惜しくない。レンズの直径の大きい天眼鏡だったら大きく見えると思っている人がいるが、レンズの直径が大きいと広い範囲を見ることはできても、拡大率は低く対象物は大きく見えない。一方、倍率の高さをうたう安価なルーペもあるが、像に歪みがでたり、花全体が見えなかったりと、けっきょく役立たない。購入するなら、あくまで百円ショップ売っている、ありふれた虫メガネがおすすめだ。

虫メガネ選びよりもっと大切なのは、野山にルーペをもって出たら、花でも虫でも虫メガネで観察する習慣をつけることだ。虫メガネを首から紐でさげておいて、機会があるたびにのぞく習慣をつけてほしい。

（原著では「三百円ほどの虫眼鏡」を使うようにと書いたが、本書を文庫化するさい時代に合わせ「百円ショップで」と改訂した）

ホタルブクロも性転換する

梅雨も近くなると、山道のわきにホタルブクロの白や紫色の花が並んで咲くようになる。花の生態に興味を持つようになって初めてホタルブクロに出合ったのは、東京都八王子《はちおうじ》市近くの山だった。トラマルハナバチが花に出入りしていた。そのようすを写真で記録しようとしたが、下向きの花のなかを撮影するのは難しく、いまだに気にいった写真はない。

花の筒は直径二センチ前後で、長さはその二倍ほど。花の中心に白い雌しべが一本立っている。下からのぞくと、雌しべの先が三つに裂けている花と、裂けていない花がある。雌しべの先が裂けていない花は若くて、雄の状態にある花だ。花びらを裂いてみると、雌しべには白い花粉がびっしりついている。よく見るとそこには細かい毛が密生していて、その毛に花粉がついているのだ。この花粉は

ホタルブクロの花の変化

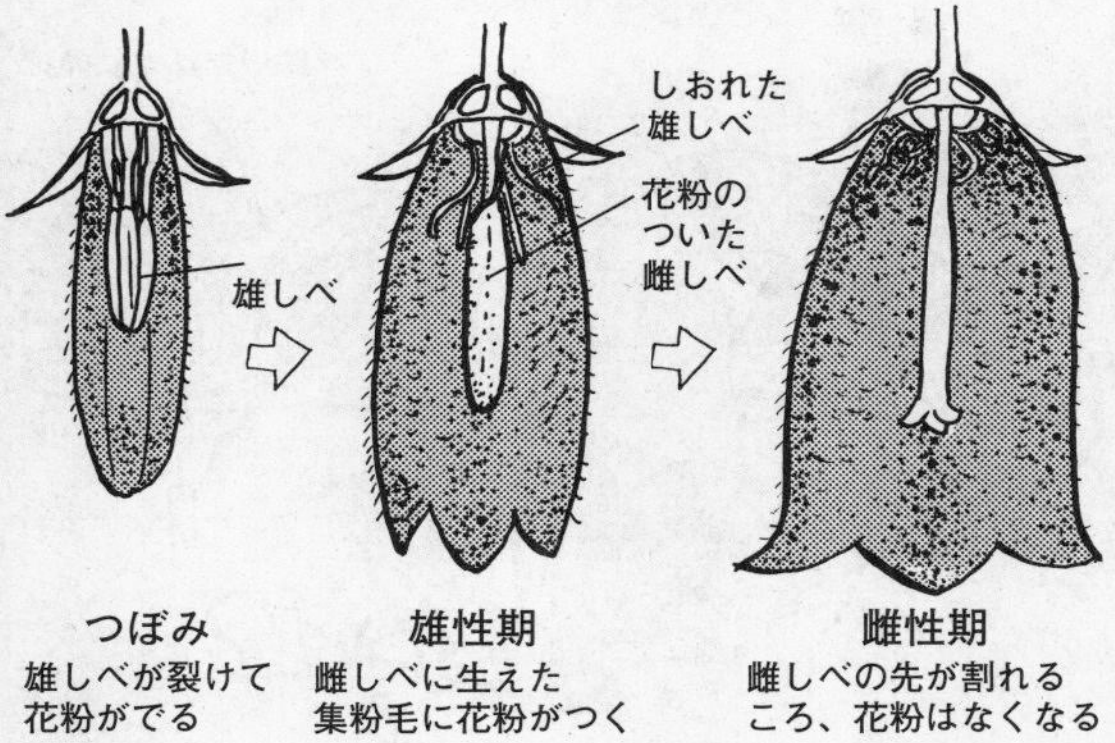

雄しべ
しおれた
雄しべ
花粉の
ついた
雌しべ
つぼみ
雄しべが裂けて
花粉がでる
雄性期
雌しべに生えた
集粉毛に花粉がつく
雌性期
雌しべの先が割れる
ころ、花粉はなくなる

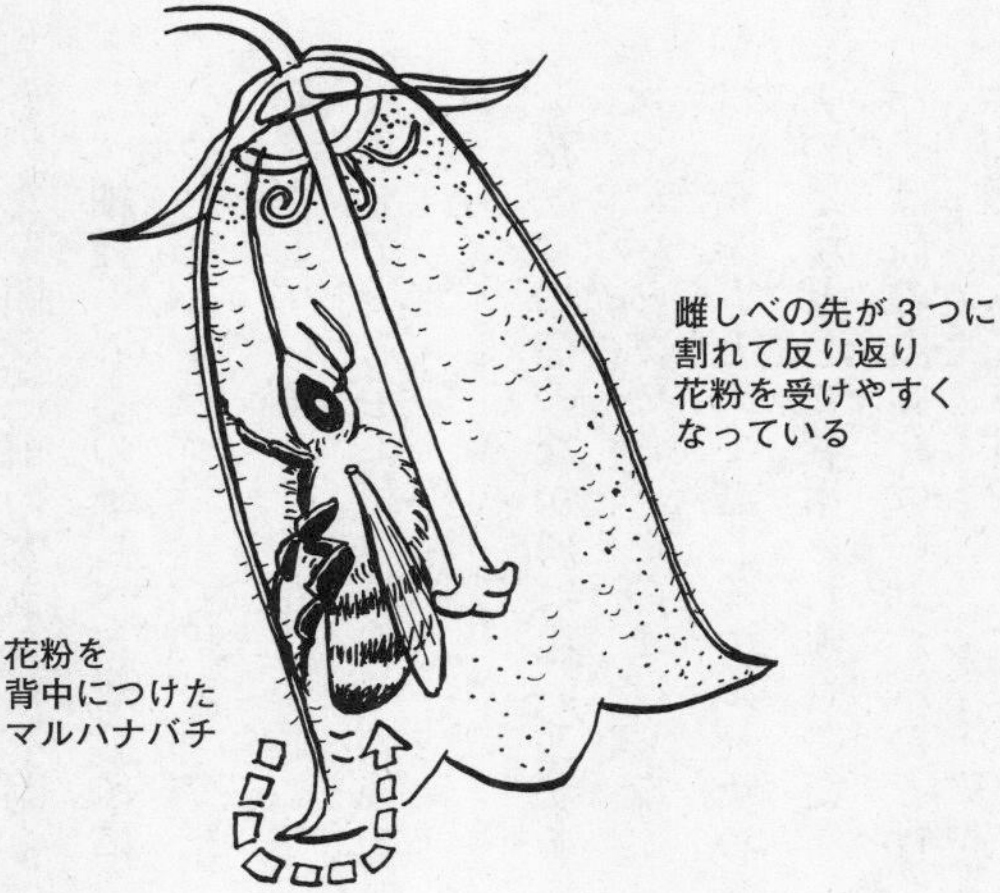

雌しべの先が３つに
割れて反り返り
花粉を受けやすく
なっている
花粉を
背中につけた
マルハナバチ

キキョウの花も性転換する

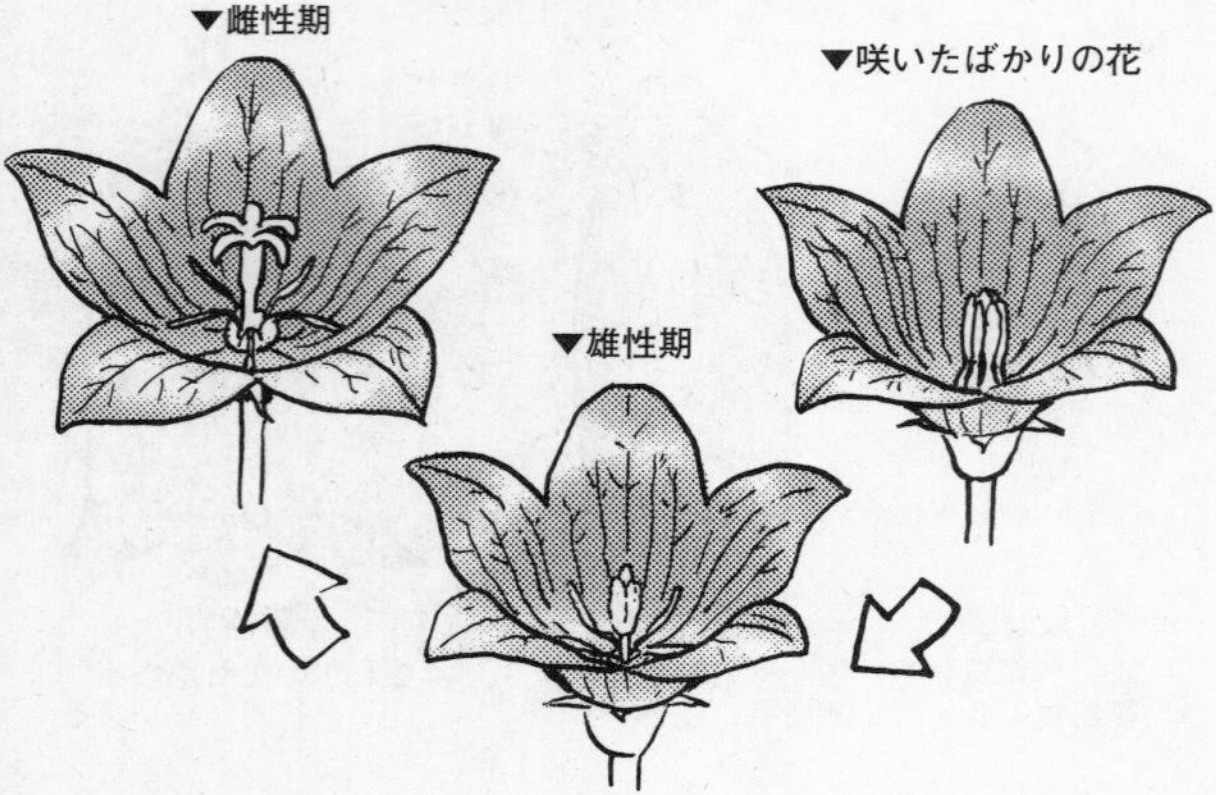

花が咲く直前に雄しべから渡されたものだ。開花直前の大きな蕾を開くと、細長い五本の雄しべが雌しべにぴったりよりそっていて、裂けて花粉をだしている。その花粉が雌しべに生えている毛に移され、その後で花が咲く。

花びらの筒のなかには粗い毛がまばらに生えている。このまばらな毛は、蜜をもとめて訪れるマルハナバチの足場として利用されるものだ。ハチは筒の内側をはい上がるので背中が雌しべをこすり、そこについている花粉が背中につくことになる。

咲いてから三日ほどすぎ、雌しべから花粉がほとんど運び去られたころ、雌しべの先が三つに裂けて、花粉を受ける態勢がととのい、マルハナバチが背につけてきた花粉を受ける。

このように、ホタルブクロは花が若いときは雄として機能し、日がたつと雌として機能して、雄から雌に性転換するのだ。

秋のキキョウの花も同じように性転換をする。咲いたばかりの花では、雌しべを雄しべが取り囲んでいる。このとき雄しべから雌しべに生えている毛に花粉を渡す。その花粉がなくなったころ、雌しべの先が五つに分かれて、花粉を受ける雌の時期になる。

花びらで交通整理する――トリカブト

「この花は何ですか」と二人づれの女性からきかれた。「ヤマトリカブトです」

と答えると、「ああ、そうですかー」と納得したような返事が返ってきた。そして話題は、トリカブトを使った殺人事件に及んだ。それほど有名な草でありながら、トリカブトという名だけが一人歩きし、花の姿は意外にも知られていないようだ。

トリカブトの青紫の花の形を作っているのはガク片《へん》で、花弁はその兜《かぶと》のなかに蜜腺となってひそんでいる。ただ、この本では花の生態をやさしく話そうとしているので、花を目立たせている花弁やガク片などを花びらとよぶようにしている。植物学で使われるガク片とか花弁という用語を使わないのは、トリカブトの紫色の花びらはガク片で、サクラの花びらは花弁、コスモスの花びらは舌状花《ぜつじょうか》だ、などと一つ一つ区別していては繁雑で花全体の機能を見失ってしまうからだ。そこでここでも、ガク片といわずに花びらで通すことにする。しかし一般には「花びら」は単に花弁をさすと思われがちだが、「花びら」という用語は文部省の『学術用語集――植物学編』（丸善）にはのっておらず、学術用語ではない。つまり堅苦しくなくゆるやかに使える言葉だ、と念のために書いておこう。

ヤマトリカブトの花と雄しべ

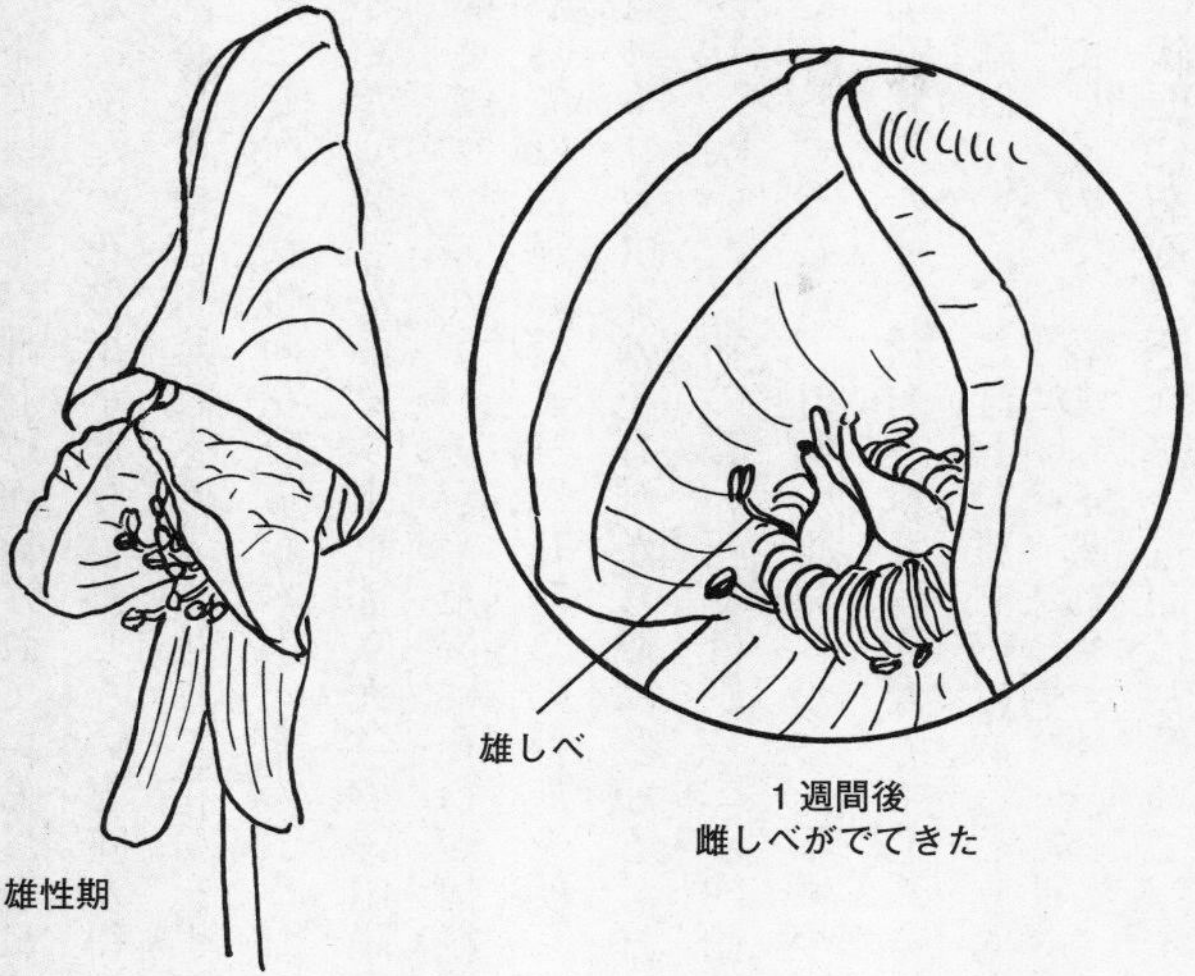

ヤマトリカブトの花びらは三種類五枚あり、それぞれ異なった役割を果たしている。花の下にあり斜め前方に向かってつきでている二枚は、マルハナバチの足場となる。足場の左右にはまるい花びらが一枚ずつあり、ハチが横から入りこまないよう、花の中心を真っすぐ進むように誘導する役をになっている。そして一番上にある袋状の花びらは、なかに蜜をだす蜜腺を二本隠している。そして、花の入り

口の下には雄しべ雌しべが置かれている。花に来たマルハナバチは、こうした構造があるため花の指示通り行動しないと蜜が得られないし、花にもぐりこむとき腹部が必ず雄しべ雌しべの先に触れて花粉を媒介するように誘導される。

そこで、これらの花びらが本当にそのような働きをしているかどうか、実験で確かめた研究者がいる。東京都立大学の福田陽子《ふくだようこ》さんで、それぞれの花びらを取り除いて、マルハナバチが来た後に花粉が何粒運びだされたかを確かめて、その数から先ほど書いたような花びらの機能を明らかにしたのだ。

ヤマトリカブトの花も雄から雌に変わる。雄しべは四十本ほどで雌しべを囲んでおり、咲いた当初の若い花では雄しべが内側に曲がっていて雌しべをおおい隠している。そして、外側の雄しべから一本ずつ順に真っすぐに立ちあがって、裂けて花粉をだす。雄しべは花粉をだしてしまうと、こんどは外側に曲がり雌しべから離れていく。こうして雄しべは次々と立ちあがって花粉をだしては外側に曲がっていくので、花の中心にはいつも一本から数本の雄しべが立って花粉をだす雄の状態にある。それが一週間ほど続いて、すべての雄しべが花粉をだし終わっ

オオレイジンソウとマルハナバチ

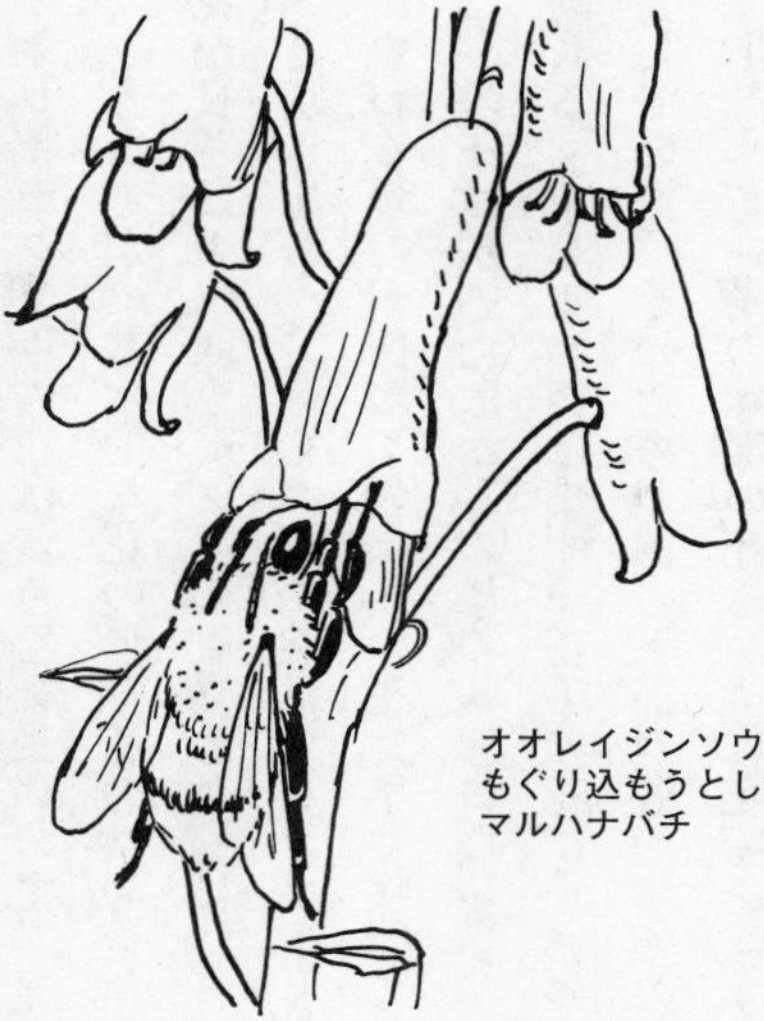

オオレイジンソウの花に
もぐり込もうとしている
マルハナバチ

てしまうと、三個の雌しべが急に伸びて花粉を受け入れる態勢がととのい、雌の状態になる。このように、花が雄から雌に変わるので、同じ花の花粉を受けることはない。

しかし、ヤマトリカブトは同じ株にたくさんの花をつけ、一株のなかにさまざまな段階の花が混在するので、マルハナバチが蜜を吸うあいだに雄の状態の花から、同じ株の雌の状態の花に運ばれた花粉を受ける機会も多くなる。そこをうまい方法で避けている植物がある。ヤマトリカブトと同じグループに入るオオレイジンソウの花だ。

オオレイジンソウの花は黄色く細長いので、見た印象はヤマトリカブトの花とかなり異なるが、基本的な花の形や花の性の変化はヤマトリカブトと同じだ。その花が長さ三十〜四十センチの直立した穂につき、下の花がまず咲き、順に上の花へと咲きあがっていく。花の性はトリカブトと同じように雄の状態から雌の状態に変わるので、穂の下のほうの花は早く咲いて雌の状態にまで進んでいて、上のほうの花は咲いたばかりの雄の状態になる。

訪れるマルハナバチはまず一番下の花に止まって蜜を吸い、順々に上の花へと移動していく。そのため、穂の下部の雌の状態の花はハチについてきた花粉を受け、上部の若い雄の状態の花はハチに花粉を渡すことになる。このように、オオレイジンソウの花は真っすぐな穂に花がつくので、花粉が同じ株の雌しべに運ばれないことになっている。

マルハナバチと仲良し――ツリフネソウ

きれいな花の写真を撮ろうとすると、花びらに傷のない花を探すのに苦労することがある。ツリフネソウの花も接近してみると、必ずと言っていいほど黒い小さな傷がついている。でもそれはハチが来た証拠で、花の立場からはうれしい印なのだ。

ツリフネソウの花は長さ三〜四センチで、まえの方に二枚の花びらがつきでてマルハナバチの着陸場となっている。着陸場の後ろは直径一センチ以上もある太い筒になり、筒の奥は急に細まって先が渦を巻いた管になっている。この管のなかに蜜が入っていて、それを求めてトラマルハナバチやキイロマルハナバチが来る。

以前、この花にどのような昆虫が何回来るのかを調査した。そのようなとき私

ツリフネソウの花とマルハナバチ

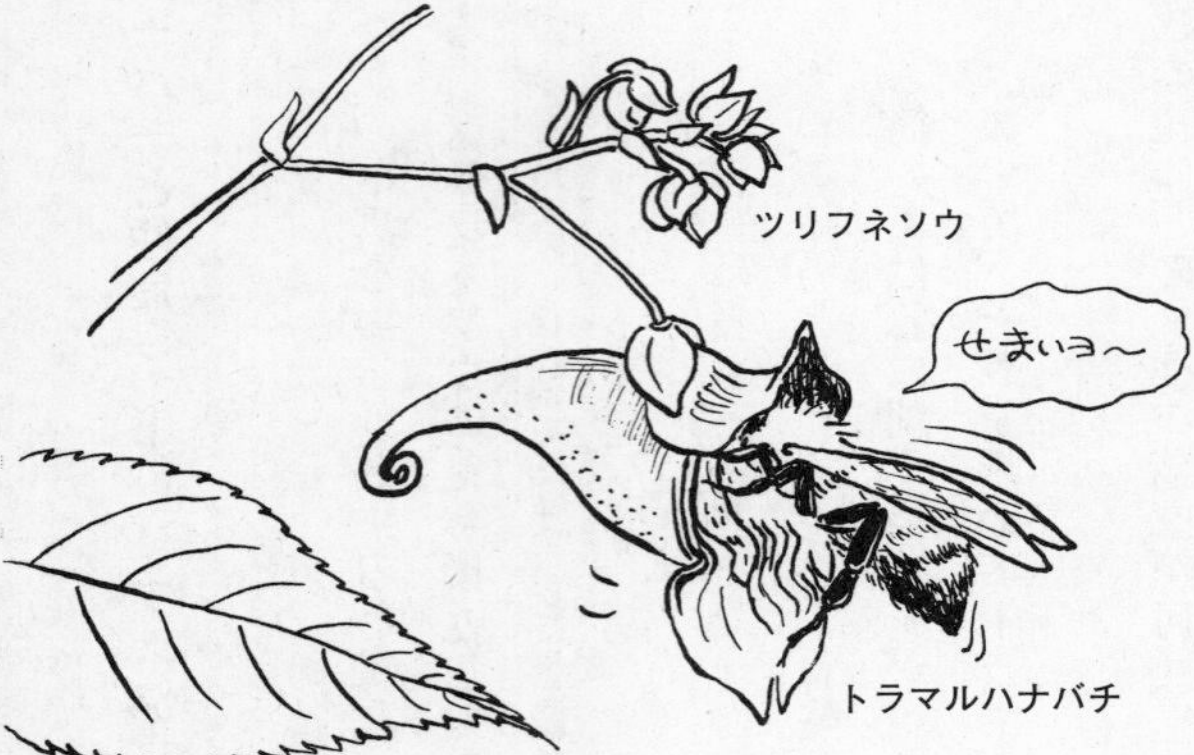

は一目で見渡せる範囲の花を数えておいて、ノートとペンを手にそれらの花に昆虫が止まるたびに一、丅、下、正、正と記しながら昆虫の種類と回数を記録する方法をとった。その結果、わずか二時間の観察だったが、花一個あたり六回半もトラマルハナバチが来たことになった。もし一日に六時間も訪れつづけていたら、一個の花に二十回もハチが来ることになる。

　マルハナバチの胴の太さは

花の筒にぴったりで、花に出入りするハチの背は必ず筒の上にある雄しべ雌しべをこすることになり花粉を運ぶ。あまり熱心に出入りするので、背中の毛が擦り切れて一直線に黒い地肌が見えているマルハナバチも多い。それほど回数多く訪れる、ということだ。

そしてマルハナバチは、花への出入りのさい花びらに爪をかけるので、しばらくするとその爪跡は黒いしみとなる。その傷がカメラマンを悩ますのである。しかし、ツリフネソウにしてみれば、この傷こそ受粉に成功した証《あかし》なのである。

動く雄しべ――ヒイラギナンテン

春先の観察会でヒイラギナンテンの花に出合うと、参加者の皆さんに大喜びしていただける。中国原産の観賞用の植物で、ヒイラギに似た刺《とげ》のある葉が特徴。花は直径一センチほどで、黄色い花びらに囲まれた花の中心に緑色の雌しべがあり、六本の雄しべは花びらにそってまるく並んでいる。虫メガネで見ないとわからないが、雄しべの基部に透明な蜜がある。観察会では、細い草の茎を用意して、こう言う。「昆虫になったつもりで花のなかの蜜に触ってください」。すぐに「わーっ」という歓声があがり、そばで見ていただけの人は「どうしたの？」とたずねる。そして同じことを試みると、やはり驚きの声をあげるのだ。

細い草の茎が雄しべに触れると、雄しべが内側にピクンと動く。動物は動くもの、植物は動かないものという固定観念が破られた驚きである。

実際にハチが来たときはどうなるのだろうか。ハチが蜜を吸おうとすれば、口先は必ず雄しべに触れる。口先が触れると雄しべはピクンと動いて先端にある花粉がのばしたハチの口につく。そのうえ雄しべの先端には小さな点があり、そこから粘液をだしている。その粘液が口につくと、花粉はもっとつきやすくなる。春先は昆虫が飛べるような暖かい日が少ないため、昆虫が来たら確実に花粉をつけてしまおうというヒイラギナンテンの巧妙な仕掛けがここにあった。

ヒイラギナンテンの姿と花、雄しべの動き

動く雌しべ――ムラサキサギゴケ

ムラサキサギゴケの紫色の花が、春の田んぼの畦《あぜ》を紫色にそめる。この花にヒゲナガハナバチやミツバチが来て蜜を吸おうと花に頭をつっこむと、雌しべの先が動くのだ。

花は長さ二センチほどで横向きに咲き、下側の花びらには黄色い斑点が並んでよく目立つ。この斑点は飛行場の誘導灯のように、ハチに着陸場であることを知らせる役をすると考えられる。着陸場の先の筒の部分はハチの頭が入るくらいの太さで、その天井部分に雄しべと雌しべの先が来ている。雌しべの先は鳥の雛が大きく口をあけたような形をしていて、何かが触れると見る間にスーッと閉じる。ハチが来ているときはこの動きを見られないが、とがった葉の先などで触れるとゆっくりと、だが目で見える速さで閉じる。

花にとってこの動きはどのような意味を持つのだろうか。花粉をつけて来たハチがまず触れるのが、いちばんまえにでている雌しべの先で、そこに花粉がつく。すると雌しべの先は閉じて花粉をしっかりと閉じこめる。そして、次のステップである受精に向かって変化が起こるのだろうと考えられる。

しかし、草の葉などで実験をしたときには花粉がつかないので、十五分ほどすると、先はふたたびまるく開いて花粉の到着を待つようになる。

あるとき、田植えまえの田んぼに降りて、畦に連なって咲くムラサキサギゴケの花に来る昆虫を撮影した。そこで、雄の保守性を見てしまった。

常時一、二匹のヒゲナガハナバチの雄が、紫色の花々のまえを軽やかに、右に左にと飛び回っていた。しかし、めったに花に止まらず、私はカメラを抱えてハチと行動をともにし、田んぼ中を走り回らされた。たまに花に止まっても、三秒とじっとせずに飛びたって、また花のまえを飛び回る。それでも何回かシャッターを切り、一枚くらいはものになったろうと信じて畦にもどった。

その畦に直角に交わるもう一本の畦には、レンゲソウが満開だった。その花には同じヒゲナガハナバチの雌がさかんに訪れ、蜜と花粉を集めていた。レンゲソウは中国原産の植物で、田にすきこんで肥料として利用されている植物だ。日本には十七世紀頃に入ってきたといわれ、肥料として田にすきこむようになったのはもっと後のことだが、すでに三百何十年かの歴史がある。

実利主義の雌は、多量の餌が採取できる花があれば、そちらに移行していく。しかし、雄のハチは三百何十代もまえの祖先がデートのために使っていたムラサキサギゴケの花に固執し、その花に来るかもしれない花嫁を待って空しく飛び回っていた。この雄バチの姿を見、思わず男としての我が身を振り返ってしまうのだった。

ハチの仲間

この章ではハナバチが訪れる花について述べてきた。

動く雌しべ

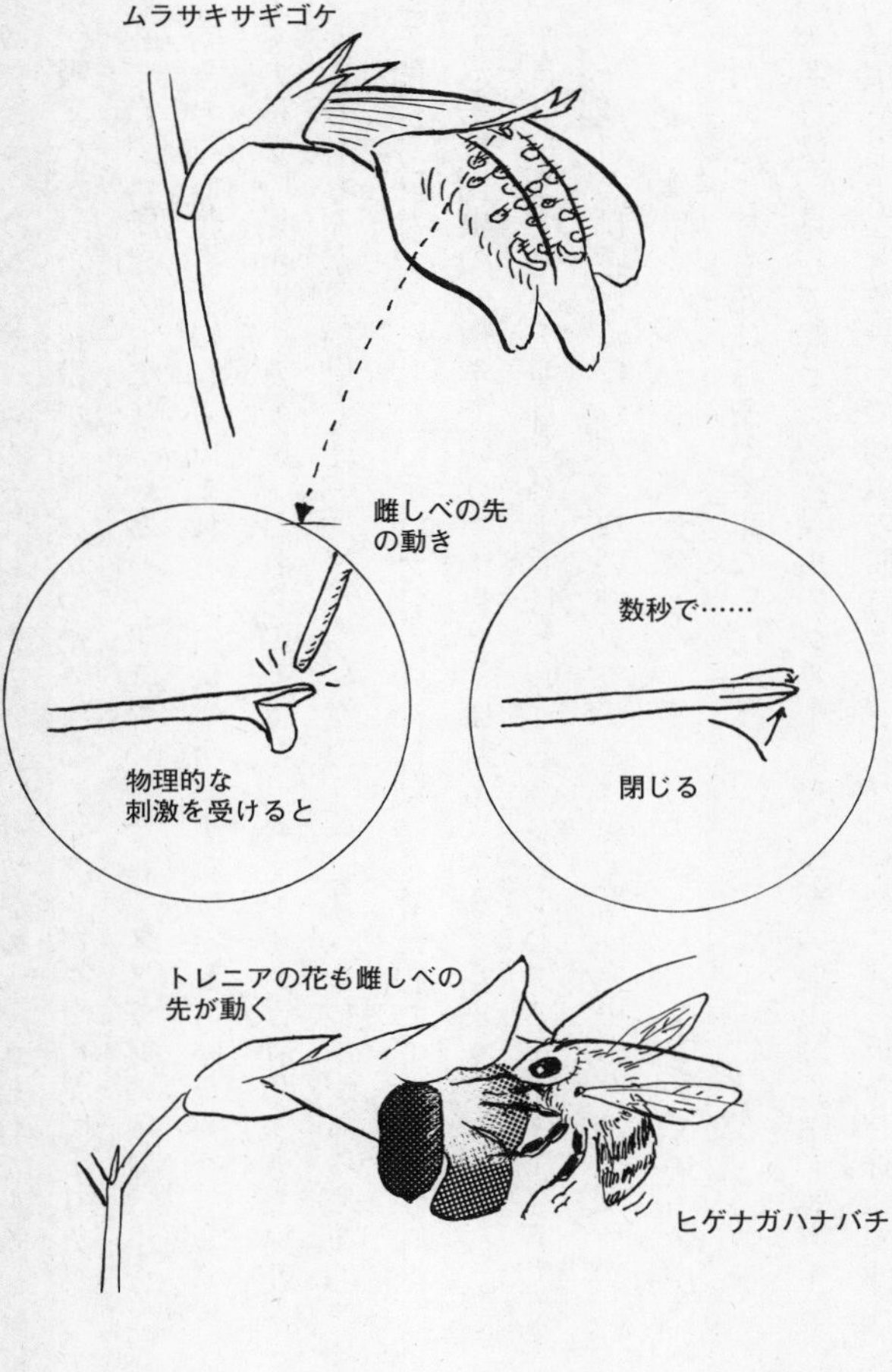
ムラサキサギゴケ
雌しべの先
の動き
物理的な
刺激を受けると
数秒で……
閉じる
トレニアの花も雌しべの
先が動く
ヒゲナガハナバチ

なかでもレンゲソウやエニシダでは訪れたハナバチが何かしらの操作をしないと蜜が吸えなかったり花粉がとれなかったりする。ホタルブクロやヤマトリカブトの花では、ハチは入りこまないと蜜が吸えない。そしてスズランの項では小さな下向きの花で腹を上にして止まれる昆虫はハナバチだけだと書いた。

多くの種類の昆虫がいるのに、これらの花はなぜハナバチしか利用できない花をつけるのだろうか。「物事は忙しい人にたのめ」ということわざがある。花と昆虫の関係も同じで、忙しいハナバチにたのめば効率よく授粉してくれるからだ。

ハナバチは昆虫の分類学でいうハチ目《もく》とよばれる大きなグループに属する。ハチ目は、まずハバチ亜目とハチ亜目という二つのグループに分けられる。ハバチ亜目とは腰がくびれていない一見ハチとは思えない昆虫のグループで、もっともなじみ深いハバチは、バラの葉の上でくるっととぐろを巻いている青虫で、成虫になっても花にはやって来ない。

ハチ亜目は一見して蜂とわかる昆虫のグループで、ほかの昆虫に寄生する寄生蜂、昆虫やクモなどを狩って幼虫の餌にするジガバチやスズメバチなど狩蜂の仲

ハチ亜目の昆虫たち

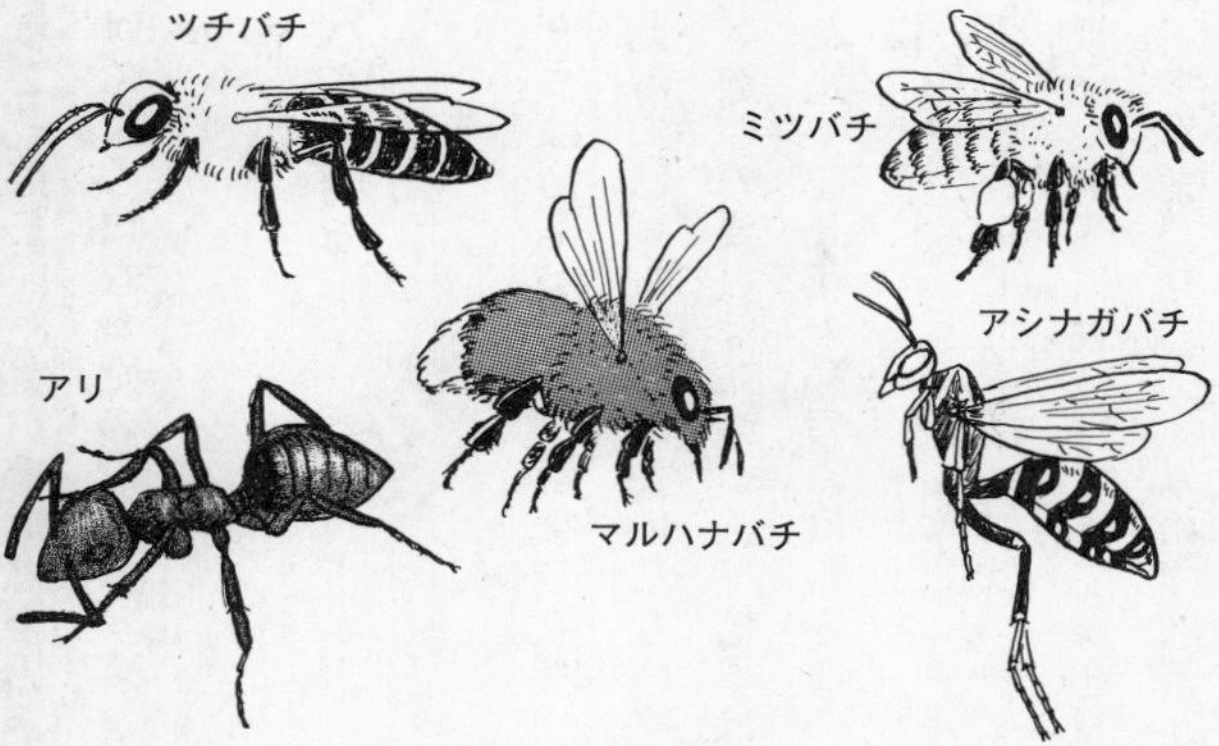

間がある。

ミツバチやクマバチが属するのはハナバチとよばれるハチのグループで、花の生産物のみにたよって一生を過ごすハチたちである。ハナバチ類に属するハチはいずれも、蜜と花粉だけで子供を育てているため、たくさんの花をまわって食料を調達しなければならない。そのため、同じ種類の花を次々と訪れ続けて効率よく食料を集める。その習性を花の立場から見ると、確実に同じ種類の花の雌しべに花粉を運ぶ、頼れる昆虫！　ということになる。

だからこそ忙しいハナバチだけを招きたくて、ほかの昆虫が近づきにくい形の花をつけるようになったのだろう。

ルーペを使おう

虫メガネは倍率が三〜四倍なのでだれにでも使えるが、もう少しくわしく花の構造を見るには、ルーペを使いこなす必要がある。

ルーペ選びの要点は二つ。A．倍率は十倍のものにする。それより倍率が高いと視野が狭くなり花の観察にはむかない。B．レンズを通した像がなるべく歪《ゆが》まないルーペを探す。

像が歪まないルーペを探すには、一ミリの方眼紙を使う。まずルーペを目に当てて方眼紙をルーペに近づけてきて像を見る。そのとき、まるい視野の中心だけを見ずに、すみまで見て、すみのマス目がなるべく真四角に見えるものを選ぶ。現

ルーペの選び方

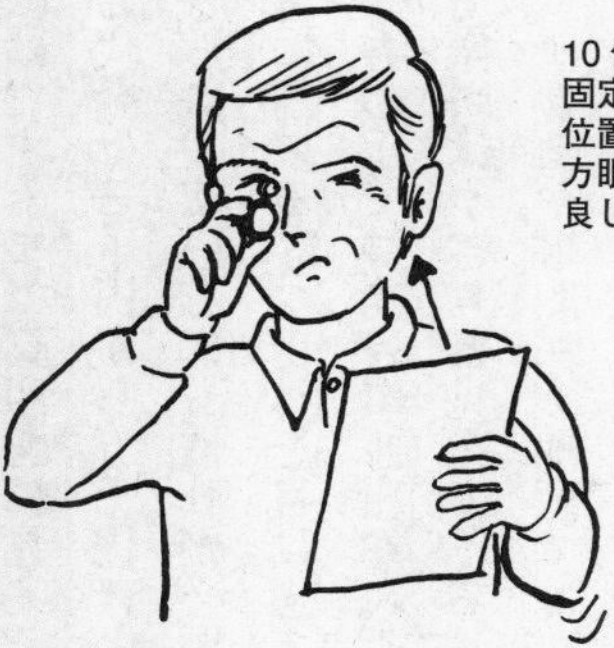

10倍のルーペを目に当てて
固定し、1ミリ方眼紙をよく見える
位置まで近づける。
方眼の見え方でルーペの
良し悪しがわかる。

ダメルーペ

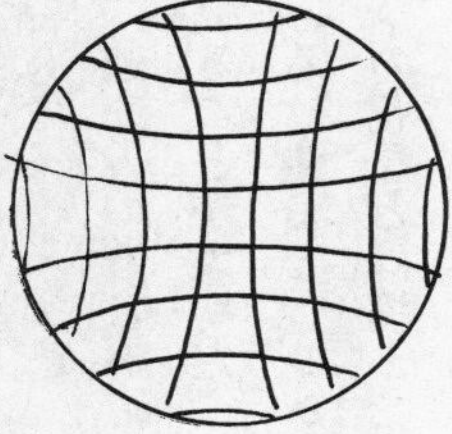

理想のルーペ

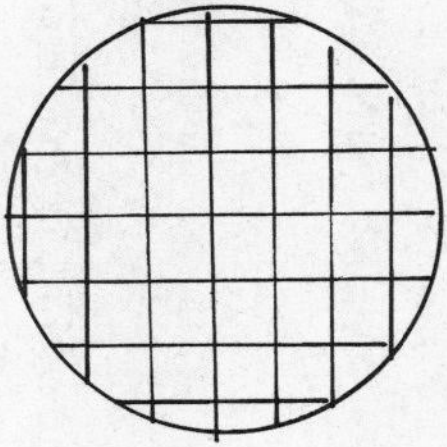

実には、すみまで真四角に見えるルーペはないが、もっとも四角に近いものを選ぶと代金は三千円から五千円ほどの品になる。

さらに、使い方にも慣れが必要だ。選び方のところでも書いたが、ルーペをまず目に当てる。ルーペを目に当てて見ることが大切だ。そして、見たいものをもう一方の手でつまんでルーペに近づける。すると、レンズの手前二、三センチの所で像がはっきりと見えてくる。雑草の花などは摘んでルーペに近づけてもいいが、植物園や自然保護地区では花を摘むことができないので、ルーペを目に当てたまま、体で近づいていく。ときには四つん這いになるが、それが花とつきあうマナーである。

嫌われもののアリだが——コニシキソウ

公園や校庭のすみなど、日当たりがよく、ときどき人が踏みつけるような場所にコニシキソウは生えている。

この草はいつでも花が咲いているのだが、気づく人はない。花をみつけてせっせと通ってくるのはアリばかりだ。

普通の花の場合、羽をもたない働きアリたちは草や木をよじ登って花にいき、蜜を腹一杯吸うと、もときた道をおりていく。そして地におりると、まっしぐらに巣に帰ってしまう。アリは体が小さいので雄しべや雌しべの先に触れないし、たとえ花粉がついても真っすぐ巣に帰ってしまっては、ほかの株にまでは運ばれない。そのため、植物の立場からは、蜜の吸われ損になり、多くの花にとってアリはきてほしくない昆虫となっている。

コニシキソウは、葉のわきに小さな杯状の花をつけている。縁にある四個の薄紅色の蜜腺がその存在を示しているが、花の長さがわずか一ミリ半なので虫メガネで確認するのがやっとだろう。「その杯はたくさんの花をつつむホウで、その中から雄花と雌花が出る」と植物の教科書は教えるが、ルーペでないと細かいことはわからない。雄花といっても雄しべ一本、雌花は雌しべ一個だけでできてい

コニシキソウの花はアリに頼る

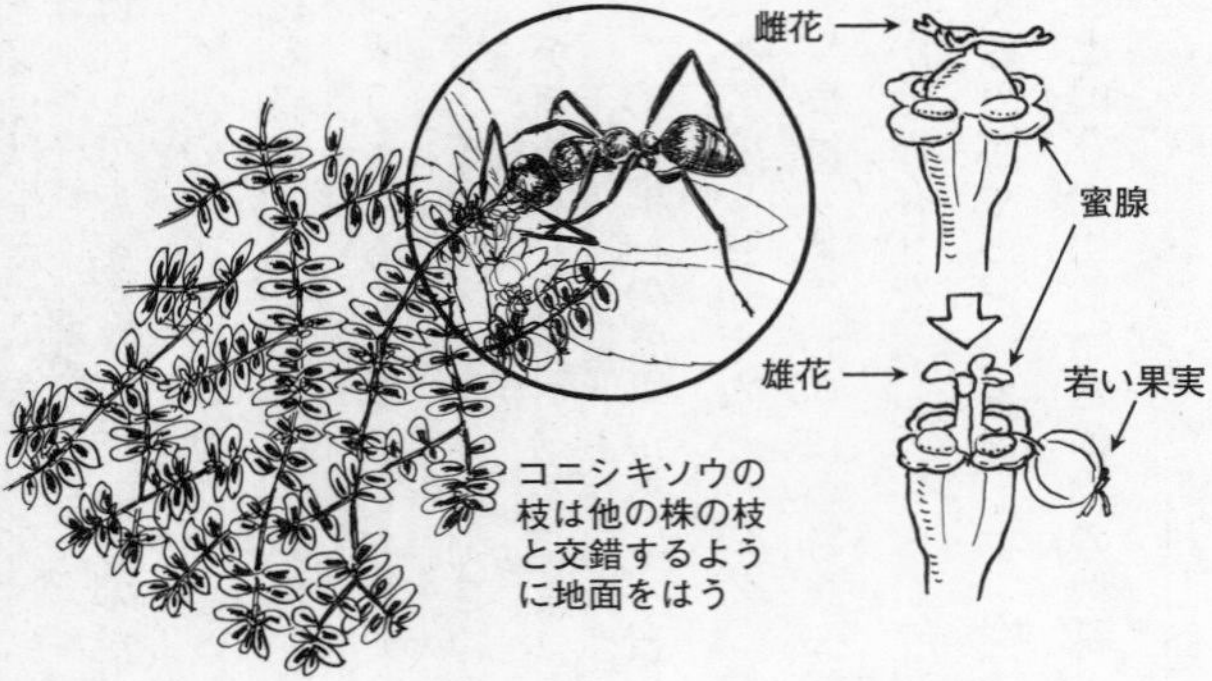

る。

そんなめんどうなことは植物学の上でのこと、アリは蜜があればいいのだ。蜜腺をなめては次の杯を探しまたなめる。その間に口の周囲には黄色い花粉がつく。そして都合のいいことに、コニシキソウの場合は地面にそって枝を四方に広げるので、隣の株と枝が重なりあい、アリは蜜を集めながら知らぬ間に他の株の雌しべに花粉を運ぶことになる。

同じようにアリに花粉を運ばせているのがチドメグサの仲間だ。地をはっている茎から、小さな笠のような円い葉を出して、その葉の付け根から細い茎をたて、先にこまかな花をいくつかつける。花は五枚の花びらと五本の雄しべに囲まれた雌しべの上にほんの少し蜜をだす。

第四章

対ハナアブ・ハエの巧妙な策略

ハナアブとは

植物園で観察会をしていたとき、一人の女性の胸元に向かって近づいてくる黒と黄色の縞《しま》模様をつけた虫がいた。

彼女は「ハチー！」と叫びながらしりぞいたが、また近づく。胸元には黄色いボタンがついていた。ハチと誤解された昆虫は、「やったー」と大喜びしていたにちがいない。

近づいてきたのはハナアブの仲間のホソヒラタアブで、刺したりしないおとなしい昆虫だ。黒と黄色の縞模様はハチに化けるための彩りで、よく目立つ花の上で蜜をなめ、花粉を食べて生活するハナアブ類にとってもっともこわい敵の鳥をだますため、ハチに擬態して「刺すぞ」と脅しているのだ。

ハナアブ類は野山の花の上でもっとも多く見かける昆虫で、ハチの仲間でなく

フクジュソウの花粉をなめるホソヒラタアブ

ハエ目《もく》という分類群に属するハエの仲間である。110ページに書いたハナバチの幼虫は母親や姉たちが集めた蜜や花粉を食べて育つが、ハナアブ類の幼虫は自立した生活をしている。たとえば、ハナアブの幼虫は山間の駅の便所のような場所で汚物を食べて育つ長い尾のあるウジムシだし、ホソヒラタアブの幼虫はナメクジのような姿でバラの枝などにつくアブラムシを食べて成虫となる。スイセンハナアブ

などはその名のようにスイセンの球根を食べる。

このように幼虫が自立して生活するので、成虫は自身の命を保つエネルギーと、繁殖のための栄養だけを花からとればいいので、花の上で蜜や花粉をなめながらゆったりと過ごしている。そのためか、花にもぐりこんだり、下向きの花に止まったり、複雑な花を操作したりするのは得意ではない。彼らが得意とするのは、比較的低温でも飛べることである。

花はこのような性質のハナアブ類をいかに迎えるのだろうか、次からは、その対策をみてみよう。

凹面鏡を使う――フクジュソウ

陽光が部屋の奥にまでさしこむ冬になると、何年かに一度は凹面鏡《おうめんきよう》が紙などに太陽の光を集めて火事になったという話を聞く。フクジュソウの花も光沢があり、中央がくぼんだ凹面鏡になっている。フクジュソウはこの凹面鏡で何を燃やそうとしているのだろうか。

フクジュソウの花にくるハナアブ類の様子や気温を記録しようと、早春の植物公園を訪れた。花が咲けば黄色が好きなハナアブ類が飛んで来るだろうとの予想は、ややあまかった。その日は気温の上がりが鈍く、ホソヒラタアブが来たのは昼過ぎだった。そのとき地上一・五メートルの気温はようやくセ氏十二度、花が咲いている地表近くは日光に温められて少し暖かく十五度だった。十五度というのは、ハナアブ類が活動できる下限の温度である。

フクジュソウの花には蜜がなく、多数の雄しべがだす花粉を餌として提供している。食料のとぼしい早春、ホソヒラタアブはその貴重な食べ物にありつこうと訪れたのだ。花はアブが花粉をなめているあいだ、凹面鏡で集めた陽光でアブを温める。アブの体温を計りたいところだが、植物公園で虫とり網を振り回すことはできないので、かわりに花のなかの温度を計った。そこは周囲よりさらに暖かく十六度から二十度にもなっていた。花粉をなめているあいだ、アブも同じように暖められるのだろう。

体が温まったアブは、より活発に飛び回れるようになる。人間社会でもそうだが、仕事はのろのろと働く大勢の労働者より、活発に働きまわる少数精鋭の労働者に任せたほうが効率よくすすむ。フクジュソウの花はそれを知っているかのように、凹面鏡で光を集めて花に来たヒラタアブの命の炎を燃え立たせていたのだ。

凹面鏡と同じ原理の電波望遠鏡は、遠くの天体からの弱い電波を一点に集めて宇宙のかなたを観測する。そして天体の運行に合わせてゆっくりと回る。フクジュソウの花も天体の運行に合わせて回っていた。

ウメの花が咲き始める頃は、フクジュソウの花はまだ地に接して咲いているので動きがとれないが、春が深まるにしたがって茎がのび、花の下にはパセリのような細かく切れこんだ葉もでてくる。そうなると、花はパラボラアンテナのように太陽を追いかけて回り始めて効率よく花の中心を温める。

北海道大学の工藤岳《くどうがく》先生は、フクジュソウの花は光を集めて昆虫を温めるだけ

太陽を集めるフクジュソウのパラボラアンテナ

ではないのだろうと考えて、おもしろい実験をした。人工的に雌しべに花粉をつけたあと、花びらを切り取った花と何もしない花とを用意して、タネができるのを待った。タネのできた確率は、花びらを取った花では五十パーセントだったが、花びらを残した花では七十パーセントとなった。この結果から、花びらは昆虫を温めるだけでなく、雌しべも温めて生理反応を高め、タネのできる率を上げているの

だと結論した。

それなら、もっと暖かくなってから花を咲かせればよいのにと思うが、野生のフクジュソウにはゆっくりしていられない事情がある。生育地が落葉樹林の下なので、もし咲くのが遅くなると上の樹々の葉が茂って暗くなってしまい、フクジュソウは光合成ができず、タネを残せないことになる。

フクジュソウにとって、光が弱くなることは死ぬことを意味する。だからこそ、樹々の葉が茂るまでの早春に花のパラボラアンテナで懸命に光を集め、昆虫や、雌しべを温めているのだ。

私の失敗——オオイヌノフグリ(一)

早春の野原一面に咲いたオオイヌノフグリの花を見るとき、私は春の再来を心一杯に感じるとともに、ものを書くことの責任の重さも感じるのだ。

初めて花の生態を調査した植物はオオイヌノフグリだった。オオイヌノフグリの青い星のような花びらは、四枚に深く切れこんでいて、もとのほうは短い筒になり、そこに生えた細かな毛のあいだに蜜がちらっと光る。その蜜や花粉を求めてハナアブ類やミツバチが訪れる。

夕方、日がかげるとオオイヌノフグリは花びらを閉じ始める。そのとき花のなかでは雄しべが動いて先が雌しべに触れそうになる。そこまで観察して、あとは花びらが散るだけだろうと考えた。その後も、花の形や訪れる昆虫などを調査して、一九六一年に「この花は日中は昆虫が来て受粉し、夕方雄しべが動いて雌しべに花粉をつけてから散る」という意味のことを『採集と飼育』に発表した。そして、一九七四年に出版した『花と昆虫』にも、写真入りで同じ内容の説明を書いてしまった。これは十分な観察をせずに結論をだした誤りだったのだが、春を告げるオオイヌノフグリの花にこのようなおもしろい現象があるとする記述は注目されて、多くの本や雑誌に引用され、さらに孫引きまでされて広まっていった。

だが翌年の一九七五年三月、オオイヌノフグリの花を見ておかしな現象に気づいた。咲いたばかりなのに、雄しべがしおれていて花粉がない花があるのだ。これは昨日咲いた花が散らずにまた開いたからだ、としか考えられなかった。その考えを確かめるために三年後、小さな実験をした。三月十一日の午後、自宅から電車で二十分ほどの郊外にでて、オオイヌノフグリの花がたくさん咲いている場所に行った。そこに三十センチ四方の区画を造り、その区画のなかに咲いている花をみな摘みとってしまった。これで、それまで咲いていた花は一つもないことになる。

翌朝、その区画のなかで咲いている花に目印のラベルをつけた。その花はみな今朝咲いた花のはずで、全部で二十二個あった。その日の夕方またそこを訪れたが、散った花はなかった。その翌朝訪れると、落ちてしまったのはたった一個で、残る二十一個の花はラベルをつけたまま咲いていた。三日目の朝でも、ラベルのついた花が十個あった。最初の日に咲いた花の半数近くまでが、三日間のあいだ開いたり閉じたりしていたのだ。

さすがに三日目の夕方にはラベルのついた花は一つも残っていなかったが、

オオイヌノフグリが3日咲くことを見つけた実験

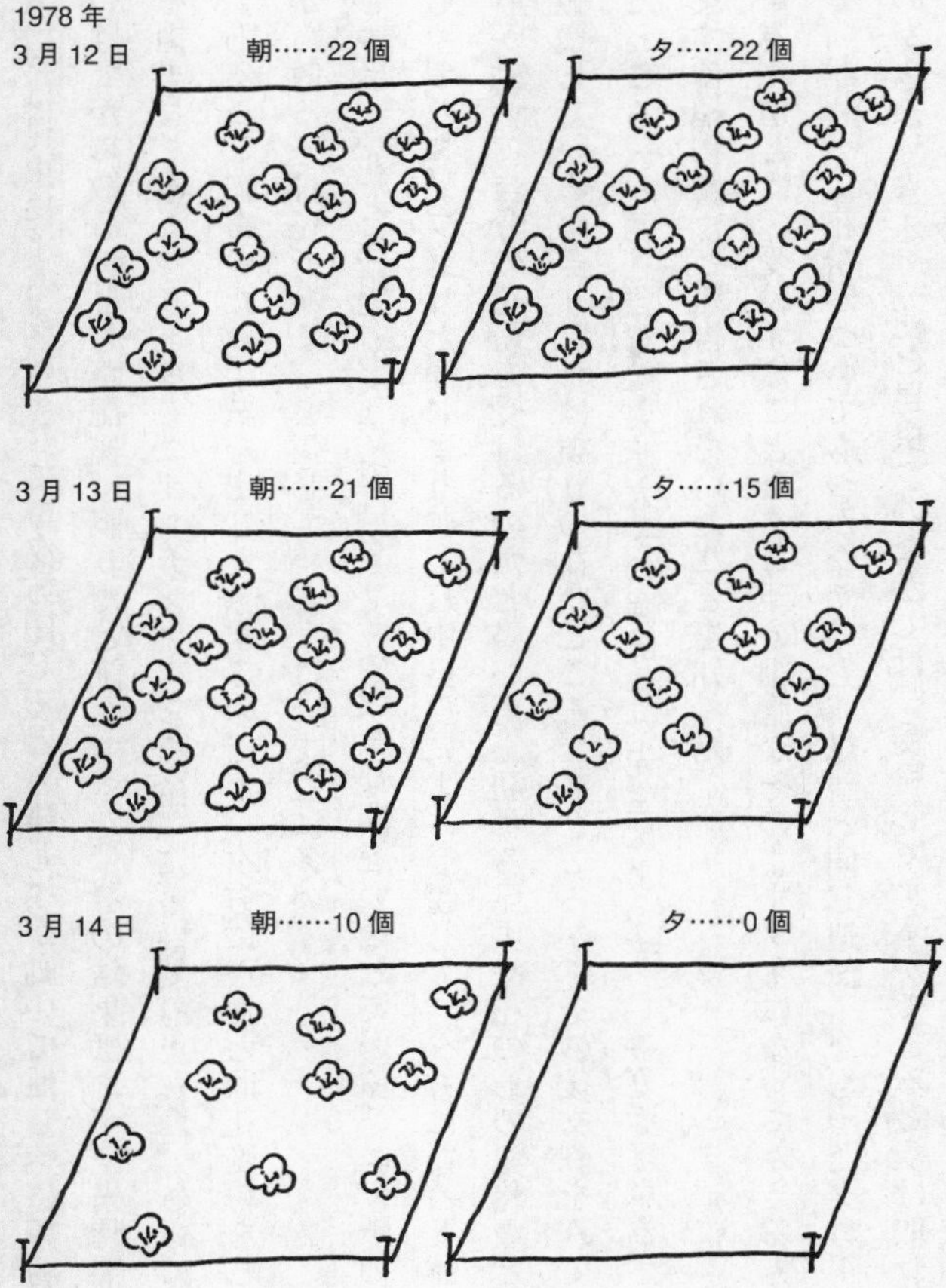

「花は昼は昆虫による受粉をして、夕方閉じるとき雄しべが動いて雌しべに花粉をつけてから散る」とした記述は誤りだと証明できた。その結果はまず、当時編集を担当した本『フィールドウォッチング』(北隆館)に書いて訂正した。さらに機会あるごとに書いたり手紙を出したりするのだが、夕方になると同花受粉《どうかじゅふん》をしてから散る一日花である、と信じている人はいまだに多い。

じつは、『花と昆虫』のなかではもう一つ大きな間違いをしている。ニガナの花もオオイヌノフグリと同じように、日中昆虫により受粉して、夕方になると雌しべが動いて自分の花粉を受けるのだと書いた。訪れる昆虫や花の形の変化などを観察しているかぎりこれは誤りのないところだ。ところが、その後文献をみていたところ、一九三二年に東北大学の岡部作一《おかべさくいち》先生によって、「ニガナは単為生《たんいせい》殖《しょく》をする植物だ」と報告されていたことを知った。

単為生殖とは、受精することなく母親の細胞がそのままタネになってふえる方法で、雌しべに花粉がついてもつかなくても、母親と同じ遺伝子をもったクローンのタネができる。『花と昆虫』のなかでは、受粉してタネができると受け取れる記述になっており、誤りであった。ニガナはどこにでもある植物だが、花はあまり一般受けしないので、こちらの誤りは広まることはなく、さいわいにも無事にすぎている。

ついでに失敗談をもう一つ。高校を卒業して二年ほど過ぎたころ、シロバナタンポポが単為生殖をすることを知って、庭に生えている黄色い花のタンポポで実験をした。するとこのタンポポも単為生殖をしたのだ。そこで新発見と一九五三年に『採集と飼育』に発表した。すると、岡部先生から「ご使用になられました種類はセイヨウタンポポのように思われます」とのお葉書をいただいた。セイヨウタンポポなら単為生殖をするのがあたりまえなのだ。もう六十年余前の話だが、先生からのお葉書は、ノートに大切にはさんである。

受粉の仕掛け——オオイヌノフグリ(二)

オオイヌノフグリの小さな青い花は、巧妙な仕掛けを使って昆虫に花粉を運ばせる。その仕掛けとは、花の柄が細いことと、雄しべの花粉袋を支える柄の両端が細くなっていることの二つ。

オオイヌノフグリの花にハナアブが止まると、柄が曲がり花は傾いてしまう。ハナアブもミツバチも体重はほぼ同じだが、何グラムかご存じだろうか。一匹〇・一グラム前後で、十匹集めても、ようやく一円玉一個と同じ重さにしかならない。そんな軽いハナアブが止まっても花は傾いてしまうほど花の柄は細いのだ。

ハナアブはそのままでは滑り落ちてしまうので、花の中央に突きでている雄しべや雌しべにしがみつく。

ところがハナアブがしがみついた雄しべは根元が細いので、全体が曲がって花

ハナアブとオオイヌノフグリの花

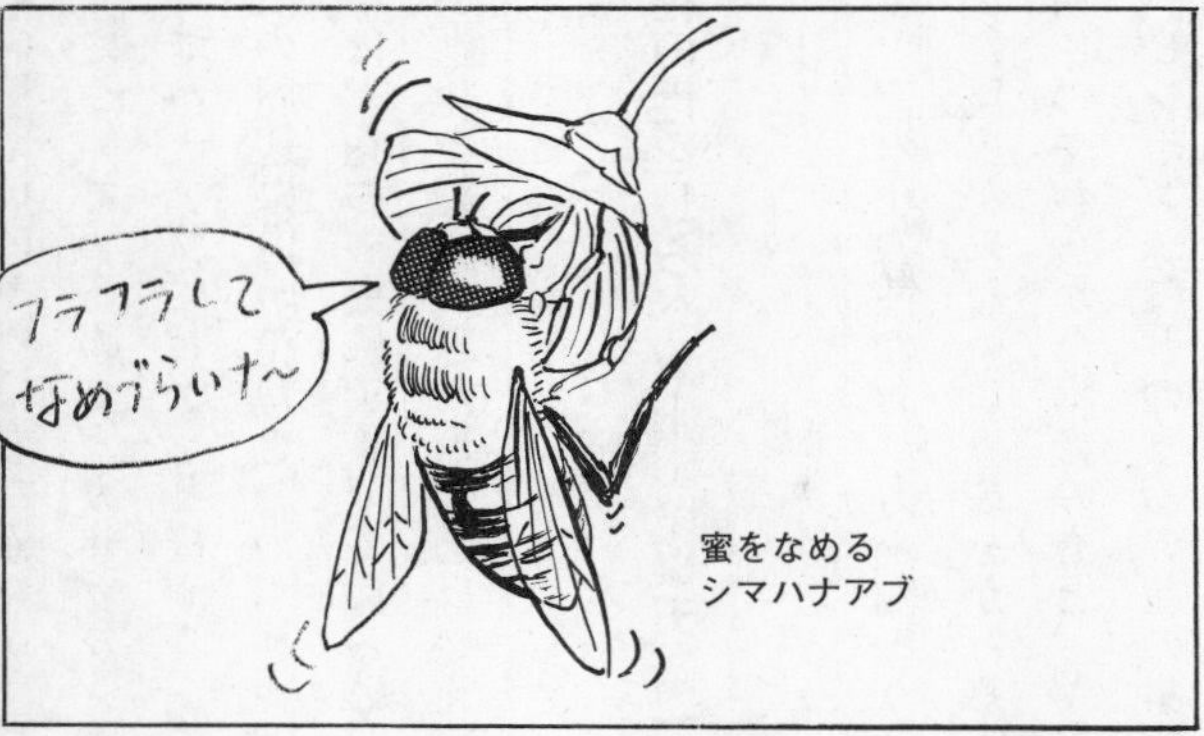

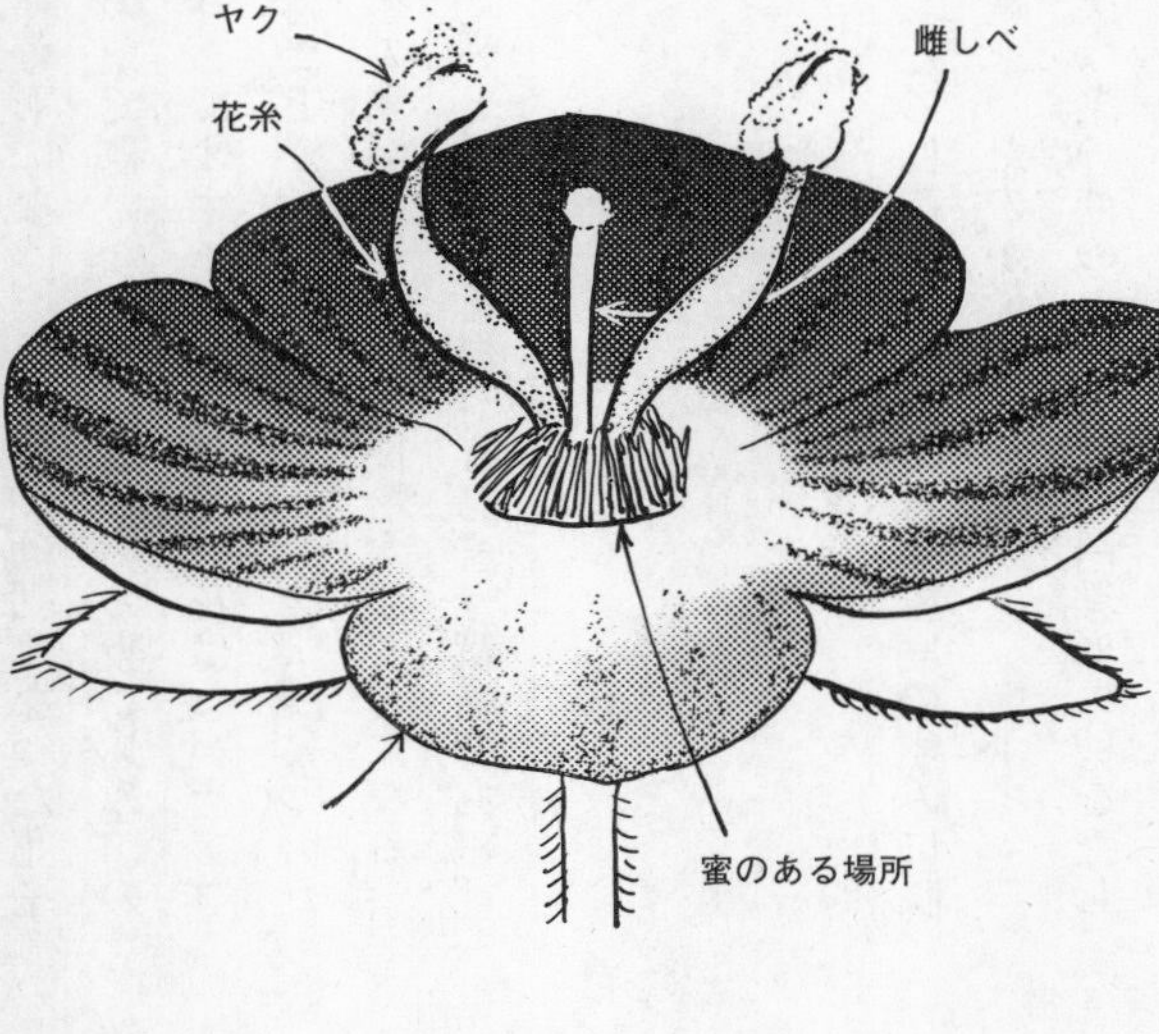

粉の入っているヤクは左右からアブを挟む形になる。そのヤクは細くなった花糸の先についているので、カサブランカの項で書いたように掃除機の吸い込み口の原理でハナアブにピタッと接する。こうしてオオイヌノフグリの花は、ハナアブの口の周辺に白い花粉をたっぷりつけることができる。そしてハナアブについた花粉は、花の中央に突きでている雌しべの先端に運ばれて授粉することになる。長い進化を経てできた形だとはいえ、巧妙と言いたくなってしまう策略である。

花の性をしらべる——ヤツデ（一）

ヤツデの花の性のあり方を知ろうとしたのは高校三年のとき。校庭のすみに咲く花に昆虫が来ないよう袋をかける実験をしたのが最初だった。

初冬のやわらかな陽光のもと、ヤツデは葉の群の上に大きな円錐形《えんすいけい》の穂をだして、ピンポン球ほどのまるい花の集団をいくつもつける。まるい花の集団には、

ヤツデと花の変化

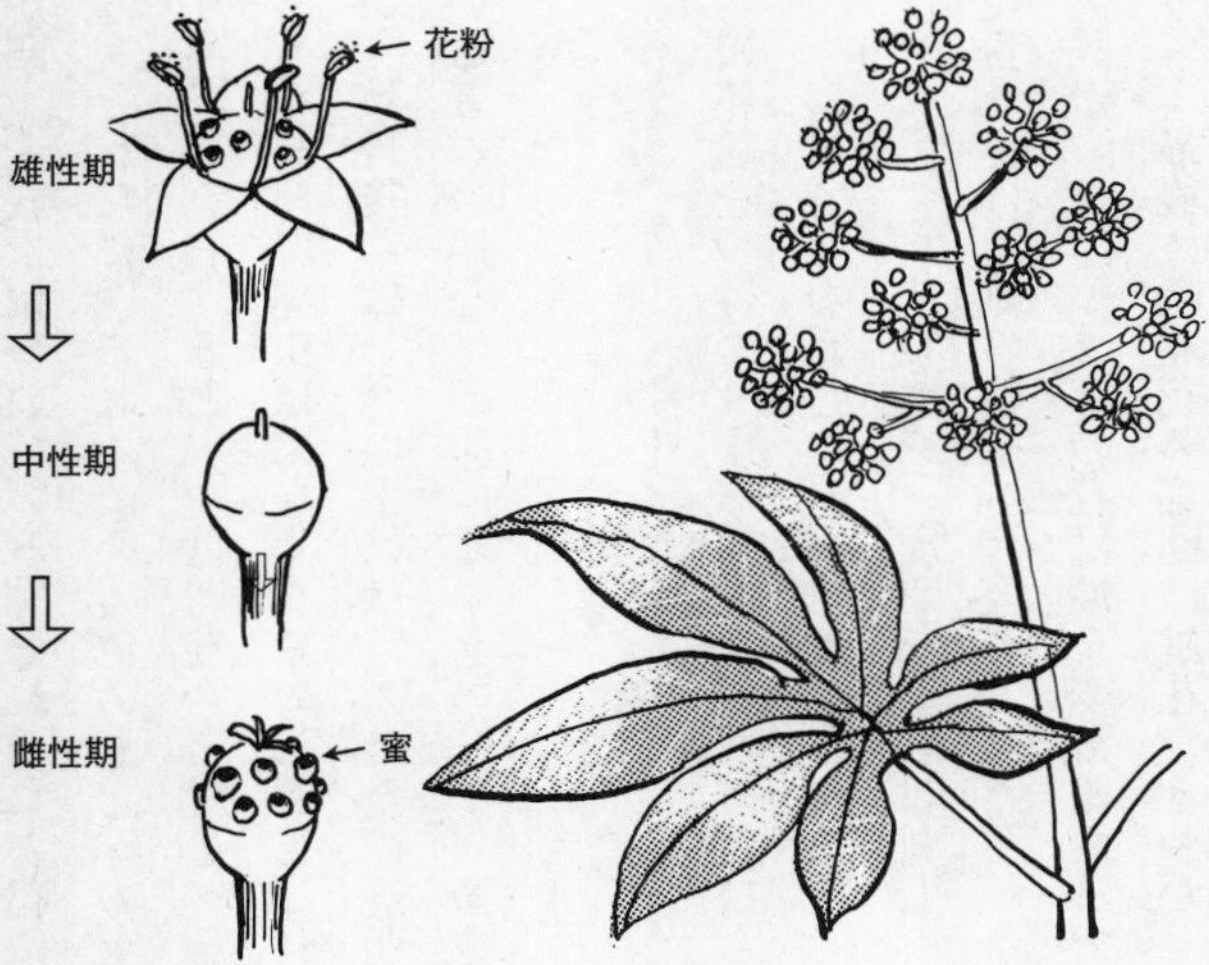

小さな花が四十〜五十個ついている。それぞれの花には五枚の花びらと五本の雄しべがあり、それらに囲まれた淡い黄色の雌しべの上には点々と蜜が光っている。咲いてから二、三日すると、花は花びらと雄しべを落としてまるい雌しべだけが残り、蜜も止まって昆虫は来なくなる。しかしこれで花としての役が終わったのではない。数日後、雌しべの上には、ふたたび透明な蜜が光り、雌しべの中心に立っている五本の雌しべの先はぐっとのびて、蜜をなめる昆虫の腹に触れるほどの長さになる。

高校卒業後、もう少しくわしく知りたくて、昆虫が来ないよう花に袋をかけたり、雌しべに花粉をつけたりする実験をした。花びらや雄しべがあるうちに、花粉をつけても実はできなかったが、二度目に蜜をだしたとき雌しべに花粉をつけると実ができた。この実験から、ヤツデの花は雄しべが花粉をだす雄の状態から、雌しべが花粉を受ける雌の状態へと変わる花だとわかった。

さらに実験からは、ヤツデの花は性を変えるだけでなく、一つの円錐形の穂につく花のうち、最後に咲く花の集団は雄花だとわかった。外見は雄しべも雌しべもあるので両性花にみえるが、花びらと雄しべが散った後すぐに雌しべもポロポロと落ちてしまう。雌しべの先に花粉をつけてみたが、実にならなかった。最後に咲く花の集団が雄花になるのは、続いて咲く花がすくないので、花粉を多く期待できず、花を雌の状態に保っておくエネルギーが無駄になってしまうからだろうと考えられる。

虫の日向ぼっこ——ヤツデ（二）

ヤツデの花にはどのような昆虫がきて、花粉を運ぶのだろうか。花を見ていると黒と黄色の縞模様のあるハナアブ類や、黒いオオクロバエなどが蜜をなめにくる。しかも晴れてさえいれば、少しぐらい寒くても来ている。

フクジュソウの項で、ハナアブ類はセ氏十五度が活動できる下限の気温だと書いたが、その日の花の高さでの気温は十三度だった。そこで、ヤツデの花に来ていたハナアブ、シマハナアブ、それにオオクロバエなどを網で捕らえて体温を計った。

サーミスタ温度計という直径一・五ミリほどのガラスの球のなかに熱の感知部がある温度計を用いた。そのガラス球を昆虫の胸と腹部とのあいだに挟みこむようにして計った。調べた一九七六年当時はデジタルではなく、針の動きで温度を読み取る形式だったが、花の上にいたシマハナアブは、体温が気温より九度も高い二十二度にもなっていた。

ヤツデの花はフクジュソウのようにパラボラアンテナになっていない。昆虫たちはどのように体温を上げているのだろう。観察していると、花の上で蜜をなめたあと、近くの葉の上に止まって日向ぼっこをすることがわかった。ヤツデの厚い葉の表面温度は二十度前後あり、その暖かい葉の上で体を温めては、また花に行って食事をしていた。

こうして昆虫たちは、シーズン最後に咲くヤツデの花から蜜を吸って冬越しの体力をつける。そしてヤツデはほかの花がなくなった初冬に花を咲かせることで、

日向ぼっこするアブ（上）と、虫の体温測定（下）

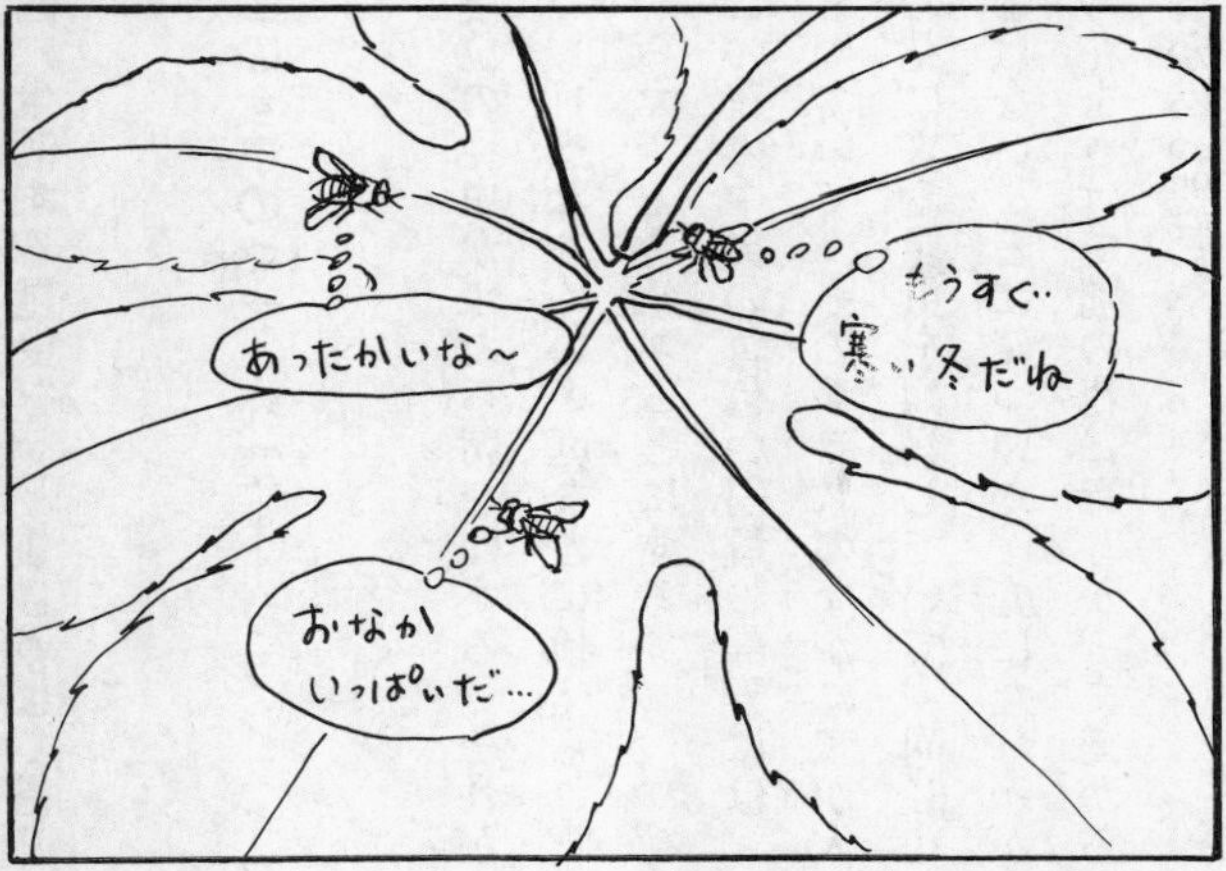

昆虫をぎゅっとつまむと指の温度で
昆虫の体温があがってしまうので注意！

周囲に生活する昆虫をひとりじめして花粉を運ばせているのだ。

虫の食事のマナー教室――フランスギク

優位の昆虫が来たら席をゆずる。それが昆虫社会の食事のマナーだという。そこで、日当たりのいい庭などに植えられ、初夏に咲くフランスギクの花に来た昆虫からマナーを学ぶことにする。

この花の中央の黄色い円盤の部分には、小さなワイングラス形をした花が多数集まっていて、そのグラスのなかに蜜が入っている。東北大学の菊池《きくち》俊英《としひで》先生はこの花に来る昆虫を観察していて、同じ花の上にハナアブ類が二匹止まっていることはないことに気づいた。先にだれかが止まっているとき、後からきたアブはその花をさけて別の花に行くか、まえからいたアブが飛び立ってしまうか二つの場合があった。

ハナアブ類の順位

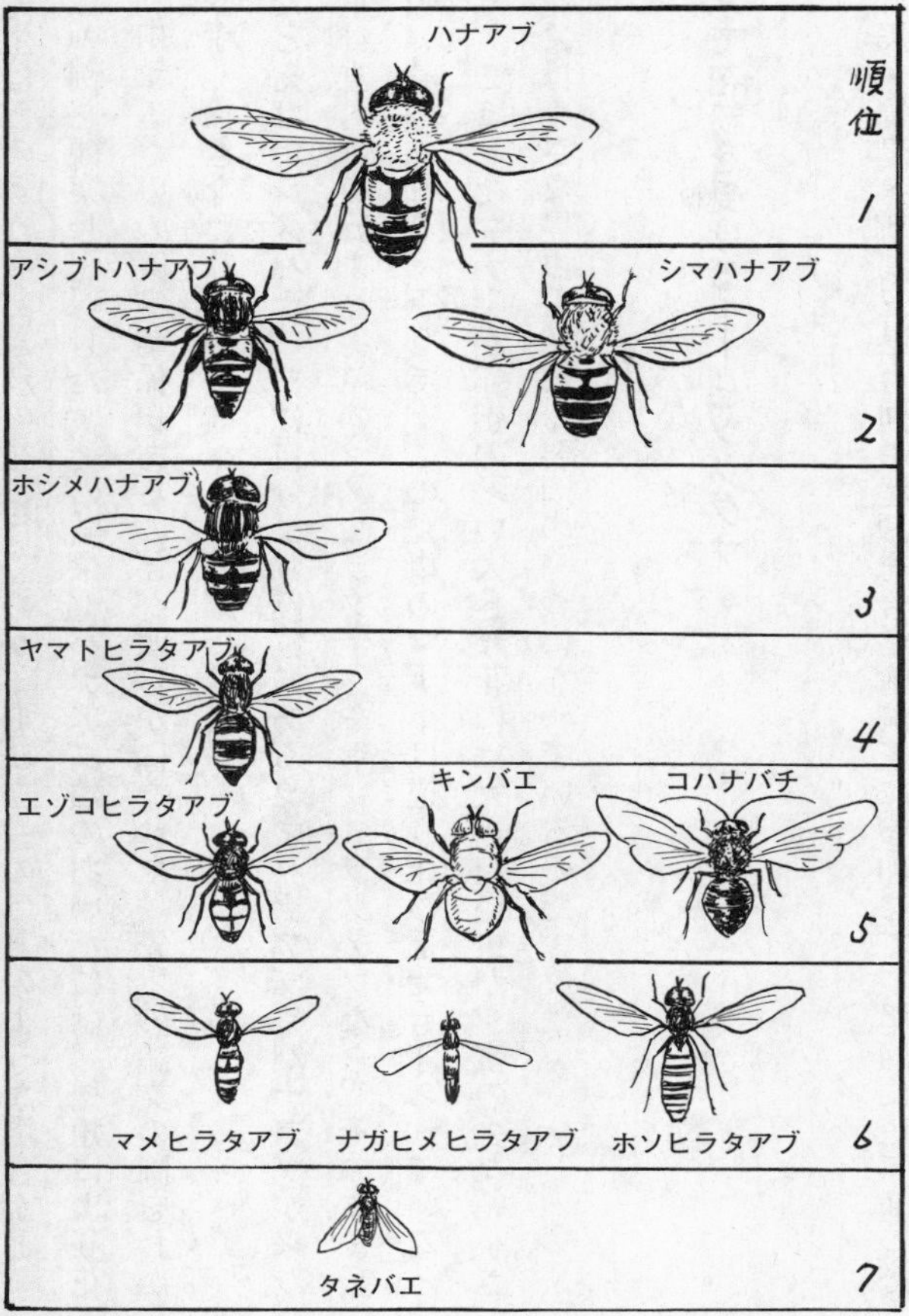
ハナアブ
順位
1
アシブトハナアブ
シマハナアブ
2
ホシメハナアブ
3
ヤマトヒラタアブ
4
エゾコヒラタアブ
キンバエ
コハナバチ
5
マメヒラタアブ
ナガヒメヒラタアブ
ホソヒラタアブ
6
タネバエ
7

先生はどのようなとき別の花に行くのか、飛び立つのはどのような場合かと、多数の例を観察し記録した。その結果、ハナアブ類のあいだには、種類により花を利用するさいの優劣関係があることが明らかになった。先生の論文の図をわかりやすく描きなおしたのが前ページの図だ。

たとえばホシメハナアブは自分より優位にあるシマハナアブやハナアブが来たら飛び立ち、自分より劣位のマメヒラタアブやホソヒラタアブなら、そのまま蜜を吸い続けられる。そして、この食事のマナーは違う花の上でも守られているという。こうしたマナーが、蜜の多い大きな花には大きな昆虫が、蜜の少ない小さな花には小さな昆虫が訪れる要因の一つになっているのだ。

水で花粉を受ける——ヒツジグサ

群馬・福島・新潟三県合同の尾瀬総合学術調査に参加して、尾瀬に三年通ったが、ヒツジグサの花どきにはいつも雨にあい、十分な調査ができずにいた。幸運なことに調査が一年延長され、その年に私の予定とヒツジグサの花ざかり、そして好天とがかさなった。

ヒツジグサは日本に野生するスイレンの一種で、花が未《ひつじ》の刻、すなわち午後二時頃咲くのでその名がついたという。確かにそうだったとする報告もあるが、尾瀬で見るかぎりでは午前十一時ころからつぎつぎと咲き始めて、未の刻のころが花盛りだった。そして、花は午後四時を過ぎると皆閉じてしまうというサイクルを持っていた。

木道わきで咲こうとしているヒツジグサの花に番号を書いた札をつけ、ときどき観察して、その後の変化を記録した。

開花一日目、水中から蕾がでてきて白い花びらが開く。そのとき花の中心には多量の受粉滴とよばれる液体がある。ツツジやマツヨイグサなどのように種類によっては、花粉がつきやすいように雌しべの先が受粉滴で湿っている花がある。ヤマユリではその分泌液はもっと多く、雫《しずく》となってたれ落ちないかと思われるほ

ヒツジグサの花

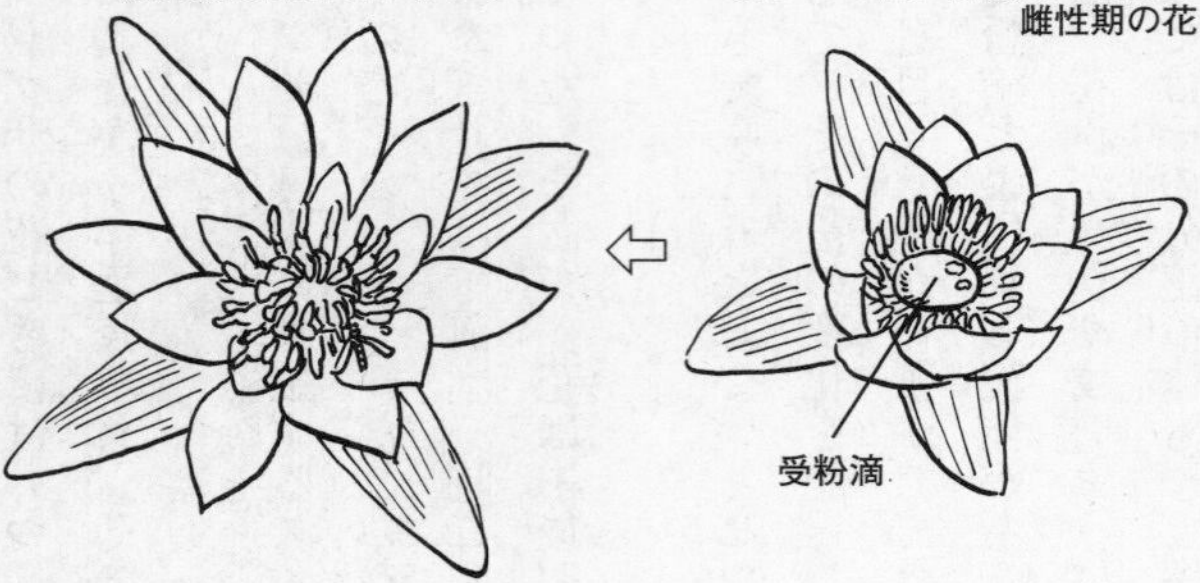
雄性期の花とヒラタアブ
雌しべの上に受粉滴の見える

どだ。だが、それにもましてヒツジグサの受粉滴はケタ違いに多く、黄色い縁飾りのあるボールの中心に、直径七～八ミリの球になって盛り上がっている。受粉滴を入れたボールの周囲は、四十～五十本の黄色い雄しべが取り囲んでいて、淡黄色の花粉をだしている。花に蜜はなく花粉を目当てにハナアブ類が来る。花粉を食べているあいだに体につけてきた花粉を受粉滴の上に落とせば、受粉完了。そして夕方になると、花は閉じる。

二日目、花はふたたび開く。はじ

ヒツジグサの群落

めは花の中心に受粉滴が見えるが、やがて周囲の雄しべが内側に曲がって円錐形のテントのように中心部をおおってしまい、花は雄の状態になる。

そして三日目、ときに四日目にも花を開くが、雄の状態のまま花を終える。花が若いうち受けた花粉は、受粉滴が吸収されていくと、液の底で待っていた柱頭に到達すると言われている。しかし、これは推測の段階でまだ誰も確かめてはいない。

花はさかりに――ハンゲショウ

ハンゲショウは梅雨の頃になると、茎の先の葉の何枚かが半分白くなり、そのわきから穂をだす。

花びらはなく、一個の雌しべとそれを囲む六~七本の雄しべだけで花はできている。この花が多数集まって先がたれた∩形の長い穂になっている。

ハンゲショウの穂とアブ。右下は花の拡大図

ハンゲショウはこの穂のもっとも高い、湾曲した部分にさかりの花がくるように仕組んでいる。まだ蕾がついている穂の若い部分の中軸は、下向きになっているが、花が成熟してくるとその部分の中軸が直立し始める。そして花のついている場所が、∩形のもっとも高い部分にさしかかると花粉をだし始める。さらに、中軸が直立した頃になると、花は受粉活動を終えてしまう。つまり、穂全体として見ると、花はいつも穂のもっとも高いところで咲いていることになるのだ。

そのような性質を持つことで、ハンゲショウにはどのような利益があるのだろうか。

この花には蜜はないが、主にハナアブ類が花粉を食べに来る。ハナアブ類は下向きの花に止まるのは得意ではないため、ハンゲショウの花を訪れたときは、∩形の穂のもっとも高いところに止まる。その止まる位置にさかりの花があるので、ハナアブ類は穂に止まって脚の下に口を伸ばせば、すぐに餌が食べられるというわけだ。

昆虫たちはつねに花の餌の量と食べやすさを測りながら行動しているので、めんどうな手続きをせず止まってすぐに餌を食べられるハンゲショウの花は、ハナアブ類には高く評価され、ふたたび訪れるはずだ。その結果、ハンゲショウは繁殖のチャンスを増すことになる。

謎の多い花――ミズバショウ（一）

江間《えま》章子《しょうこ》さんが作詞した歌『夏の思い出』で、尾瀬は一躍有名になった。その歌に登場するミズバショウはどのように花粉が運ばれるのか、じつはだれも手をつけていないテーマだった。

一九八八年のこと、ミズバショウのテレビ取材のおともで福島県仁田沼《にだぬま》に行った。当時のハイビジョンカメラは、編集録画用の九トンもある大きな車と結ばないと撮影できなかったため、長さ一キロもケーブルを引き、ミズバショウの咲く湿原にでた。村田《むらた》真一《しんいち》ディレクターが「何が花粉を媒介するのですか」と私にた

ミズバショウの花とハエ

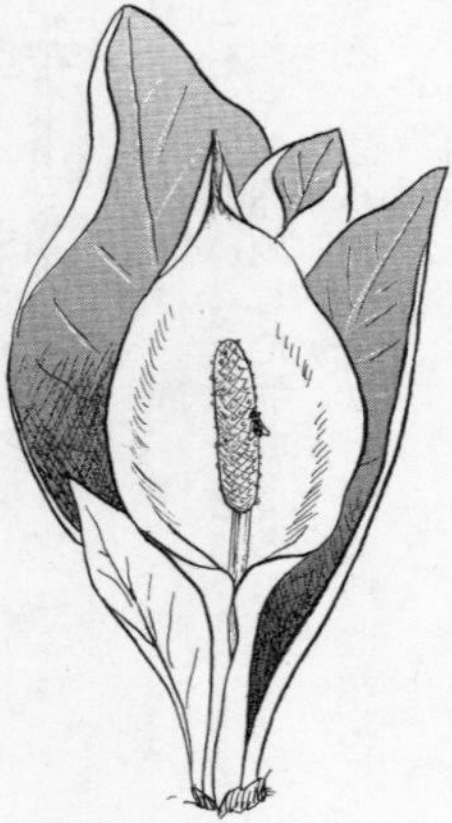

ずねた。

湿原に近づくと、ふっくらとした香りがただよっているし、清楚な白い花びらがあることなどから虫媒花《ちゅうばいか》に違いないと考えていたが、私は答えを知らなかった。そこでどのような昆虫が来るのか、カメラマンさんが湿原のようすや花の姿を撮影しているあいだに走り回って昆虫を探した。しかし、時折黒いハエを見るだけだったので、そのときはハエを撮影して終わった。

収録の翌年、こんどは一人で、福島県のその湿原を訪れて昆虫を調査した。湿原を歩き回り、のべ二千七百四十四個の花を観察したが、止まっていたのはハエ類二十七匹とその他の昆虫五匹にすぎなかった。その後、尾瀬の総合学術調査のおりに、木道を往復しながら花のなかを観察した。のべ千九百二十八個の花に、ハエがのべ四十七匹いた。こうした調査から、ミズバショウの花はハエによって花粉が運ばれるらしい、とひとまず結論した。ただ、ミズバショウの花は蜜をださず、花粉を食べているハエもいなかった。ハエは何を目的にこの花に来るのだろうか、まだ謎のままである。

「あなたは植物学でいうミズバショウの花を描けますか？　花は何色ですか？」この問いに正解をだせる人は少ないはずだ。ミズバショウを象徴する白い花びらは、植物学の言葉では「ホウ」とよぶ。ホウは一般には若い蕾や花の穂を包みこんで、それらを保護する役を持っているが、ミズバショウではそのホウが白く目立つ色になって、昆虫を誘う役目も持つ。花屋で売られているカラーやマリーなどもミズバショウと同じサトイモ科の植物で、やはりホウが美しいので人気が高い。

植物学上のミズバショウの花は、ホウのまえに立っている淡緑色の穂にすきまなくついている。一つが直径三・五〜四ミリで、目立つ花びらはなく四個の緑色の花びらが雄しべや雌しべを保護している。花びらのすぐ内側に一本ずつ雄しべがあり、花粉は黄色。花の中心に円錐形の雌しべが一個あるが、花粉を受ける場所は小さな点にしか見えなかった。

尾瀬でそのような観察をしているとき、強い風が吹いた。花粉が煙のようにふわーっと飛ばされていくのが見えた。花粉が目に見えるほど飛ぶのなら、ミズバショウは風によっても受粉できるかもしれないと考え、翌年、それを確認する調査をした。

風によって授粉されることを知る、てっとり早い方法として、顕微鏡標本をのせるスライドグラスに両面粘着テープをはって大気中にさらしておき、花粉の付着を見ることにした。

すると、穂から三十センチ離して設置したスライドグラスでも、二十八時間半で一平方センチあたり二百四十一個もの花粉がついた。花粉を受ける柱頭の直径は〇・四ミリほどなので、その表面積とスライドグラスについた花粉の数から単純な計算をしてみたところ、柱頭のうち十三パーセントは一昼夜たてば一個は花粉がつくという答えがでた。こうしてミズバショウは、風にも花粉を運ばせていることがわかった。

ミズバショウの受粉方法の話はここで終わりにはならない。この植物は同花受《どうかじゅ》粉《ふん》という第三の手段を持っている。それについては第十章に書くことにしよう。

第五章
甲虫媒花は原始的か

原始的な花といわれて――ホオノキ

かつて植物学者たちは、ホオノキの仲間の花は原始的な特徴を持っているので、花を訪れるのは原始的な昆虫に違いない、と口をそろえていた。

ホオノキの花にはたくさんの雄しべと雌しべがあることや、それらが花の中央に立つ軸に螺旋状《らせんじょう》に配列しているのが、原始的な植物の特徴を示しているのだという。

咲いている花では雄しべの配列はわかりにくいが、雌しべ群でその特徴を見ることができる。ただ螺旋状といっても、巻き貝やネジのように一本の線がグルグルと巻いた螺旋ではなく、何本かの糸を束ねてねじったようにゆるやかな螺旋を描いている。こうした原始的な特徴のある花だから、花粉を媒介する昆虫も、原始的とされる甲虫《こうちゅう》だろうと考えられた。

塔からホオノキを観察する

私がホオノキの花を間近に見たのは一九八六年のこと。富山大学の教授だった河野昭一《かわのしょういち》先生が企画した、『植物の世界』と題する四冊シリーズの本のために取材をしているときだった。この本を出版した教育社が、秩父の山のなかにコンクリートの土台を築き、その上に工事用のパイプで高さ十一メートルもの塔を造ってくれた。塔はホオノキの枝のあいだをくぐり、葉の茂みの上に出ていて、上は畳一枚ほどの広さでベニヤ板がはってあった。そこで、ホオノキの花が咲いてから閉じるまでの変化や、訪れた昆虫を記録できた。

花は三日間にわたって開いたり閉じたりをくりかえし、その間に雌の状態から雄の状態へと性を変えた。そして、高さ十一メートルもの樹の上で、昆虫を誘う策略が見えてきた。

花の咲く前日、緑色だった蕾が白みをおびてくる。翌朝晴れていれば午前十時頃から花が開く。ただ開いたとしても、ツボ形か汁椀ほどの開き方で、のぞきこむと上品な紫色の雌しべ群が見える。紫色の部分は花粉を受ける雌しべの先で大きく反り返って、細かい突起におおわれている。そのときの気温はいつもセ氏二

ホオノキの花の３段階の変化

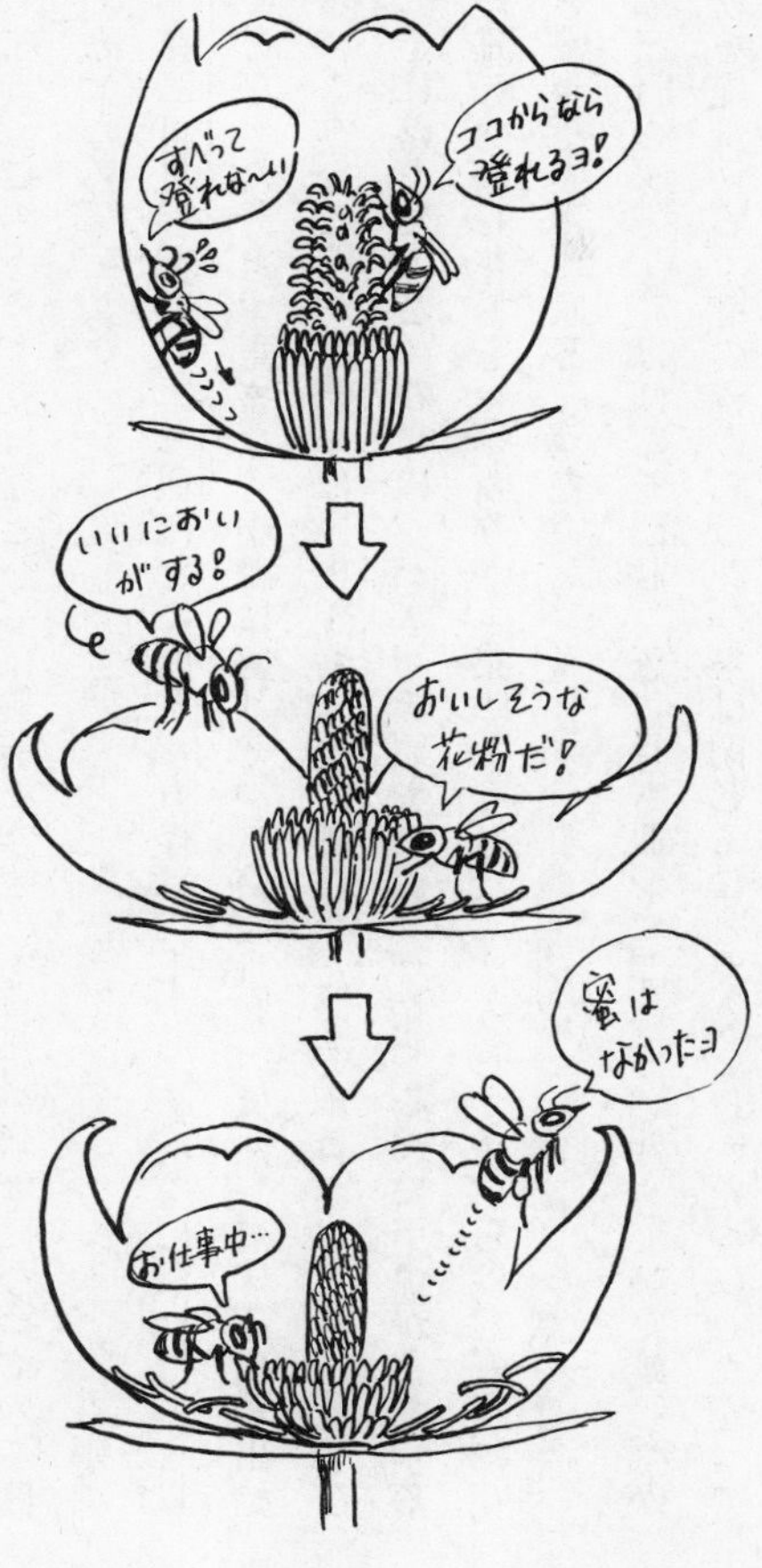

１日目 雌性期 ▷

２日目 雄性期 ▷

３日目 雄性期 ▷

十度以上になっていた。

その花は夕方になると閉じて、雌として一日目の活動を終える。しかし、蕾は曇りや雨の日には開かないため、雌しべは花のなかに閉じこめられたままで過ぎてしまう。このとき、花は雌としては機能できず、翌日雄の状態になってから開くことになる。

開花二日目、花はスープ皿ほどに開き、直径は二十センチ近くになった。一日目にはぴったりとすきまなく中軸に寄りそっていた雄しべは熟して、花粉が出始める。こうなると、雄しべは昆虫がちょっと触れただけでポロポロと外れて花びらの上に落ちた。この花には、ハナバチ類やハナアブ類、それに甲虫がきて、落ちた雄しべから花粉を食べたりかき集めたりした。こうして花びらは、豪華に花粉を盛った饗宴の皿となっていた。

二日目の夕方、花はゆるく閉じ、三日目も皿形に開いて、残っていた雄しべが花粉を提供する。その夜からは花びらは閉じることなく、日がたつにしたがって褐色に変わり、いつしか落ちてしまった。

ホオノキの花

このように、ホオノキの花は雌の状態から雄の状態へと変化するので、花粉は同じ花の柱頭につくことはない。しかし、一つの樹には同時に十〜三十個もの花が咲いているので、同じ樹の花粉を受ける近親交配が起きてしまう可能性はある。ところが、森林総合研究所の石田清《いしだきよし》先生の最近のDNA解析を使った研究では、新しく芽生えたホオノキの幼樹は、ほとんどほかの樹との交配でできたタネに由来することが知られてきた。生理的に、同じ樹の花粉からできた子の生育が妨げられているのだろうという。

この花にどのような昆虫がくるかを、当

時東京大学に在籍していた矢原徹一《やはらてつかず》先生と私が調査した。昆虫の訪れた回数の比をみると、ハナアブ類が五十パーセント、ハナバチ類が三十八パーセント、甲虫が十二パーセント、そしてチョウが一回だった。花の形態が原始的なので、訪れる昆虫も原始的な種類、すなわち甲虫が多いだろうという考えとは矛盾する結果になった。

これら昆虫の行動を見ていると、甲虫は花粉を食べもするが、花のなかでときに四十分も動かないことがあった。同じ花の上に長時間いられたのでは、花粉が移動する機会は少なくなってしまう。もっとも回数多く訪れたハナアブ類は、花に止まってゆっくりと花粉をなめていた。花から花へと活発に移動していたのは、ハナバチ類のなかでもオオマルハナバチとよばれるハチだった。さっと飛来してさっさと花粉をかき集めて、飛び去った。このくらいの行動力があれば十メートルほど離れた、隣りの樹の花にも花粉を運ぶだろう。こうした昆虫の観察から、ホオノキはこのハチを待っているに違いないと考えている。

ホオノキの雌しべが花粉を受け入れるのは、開花一日目だけだ。この花は蜜をださないので、一日目の花には何も餌がないことになるのだが、このときホオノキの花はだましのテクニックを使って昆虫をおびきよせる。雌の時期の花も強い香りを放っていて、昆虫に食べ物があるものと思いこませるのだ。だまされて花に入った昆虫は、餌がないと知ると脱出しようとするが、花びらはツボ形から汁椀形にしか開かず、そのうえ花びらの内側は粘液におおわれていて、つるつる滑ってはい登ることができない。そこで昆虫は、足がかりがあり楽に登れる雌しべの上を這い上がって脱出することになる。このとき、昆虫の体に花粉がついていれば、雌しべはみごとに花粉を受けることができるのだ。塔の上で観察していると、花に来る昆虫のなかでは頭がいいはずのオオマルハナバチも、だまされて雌の状態の花に入るところを見ることができた。高見の見物は、なかなかよい方法であった。

この調査を始めたのは一九八六年のこと、世界的な熱帯雨林の調査がやっと始まった頃だ。今日では、樹林の研究には林の上へでることが必須になっていて、昨二〇〇〇年に刊行された「日本生態学会誌」には、「林冠研究：林冠へのアクセス法と生態学的な意義について」という二十八ページにわたる特集が組まれているほどだ。この特集には、素登り・ロープ・ハシゴ・ジャングルジムなどの林の上にでる方法が書かれている。

河野先生が組織した『植物の世界』のチームは、ジャングルジムに近い方法で、学問の流行の十数年先を走っていたのだ。当時は十分利用されなかったあの塔も、いまだったら研究者が群がっていただろうに、と思う。

ホオノキの仲間にはコブシやモクレンがある。どの花もよい香りを放っている。ホオノキのようにダイナミックではないが、林の上にでなくても雄しべ雌しべの螺旋状の配列や、訪れる甲虫も見られる。コブシやモクレンでは、〃原始的な花には原始的な昆虫〃の考えが通用している。

甲虫と花の関係

甲虫《こうちゅう》とはカブトムシやコガネムシなど、硬い羽を持つコウチュウ目とよばれるグループに属す昆虫をさす。

甲虫は、昆虫の進化の上で、チョウやハチよりも古くから地上に生活していた仲間で、風をたよりに受粉していた花が虫媒花《ちゅうばいか》に進化するきっかけをつくった昆虫だといわれる。しかし、進化の速度が遅いのか、後からでて来たチョウやハチたちに追い越されてしまい、原始的な昆虫と形容されるようになった。

野外の花の上でよく見かけるのは、ハムシ、ケシキスイ、ハナムグリ、カミキリモドキなどである。これまで取り上げてきたチョウ、ハチ、ハナアブなどと比べて同じ花の上に留まる時間が長いので、効率よく花粉を運ぶとはいえない。

熱帯アメリカには、体の長さより長い口を持ち、深い筒のなかから蜜が吸える甲虫も知られているが、日本の種類はいずれも口は短い。そのため、蜜や花粉が露出していないと食べられず、しかも飛行が下手で目的地に到達するとパタンと落ちるように着地する。だからホオノキやコブシのように、大きくて上向きに咲く花や、セリやフキなどのように小さな花が集合した花に向かうことが多いのだろう。

それでも、ランの一種のタカネトンボや、小さな黄色い花をつけるキンポウゲ科のヒキノカサなど、甲虫の一種であるモモブトカミキリモドキに受粉をたよっている花が知られている。

ヒキノカサの花を千葉県多古《たこ》町で観察したときは、訪れた昆虫の九十八パーセントまでもが、モモブトカミキリモドキだった。観察しているあいだ、何匹ものカミキリモドキが花粉をつけて花から花へと頻繁に移動しながら、蜜をなめていた。

花はすてきなデートスポット——ニリンソウ

小さな昆虫たちが繁殖のために出合うには、一方の性が他の性を誘引するサインを使うか、他の性に出合える場を知っている必要がある。

花に来る甲虫

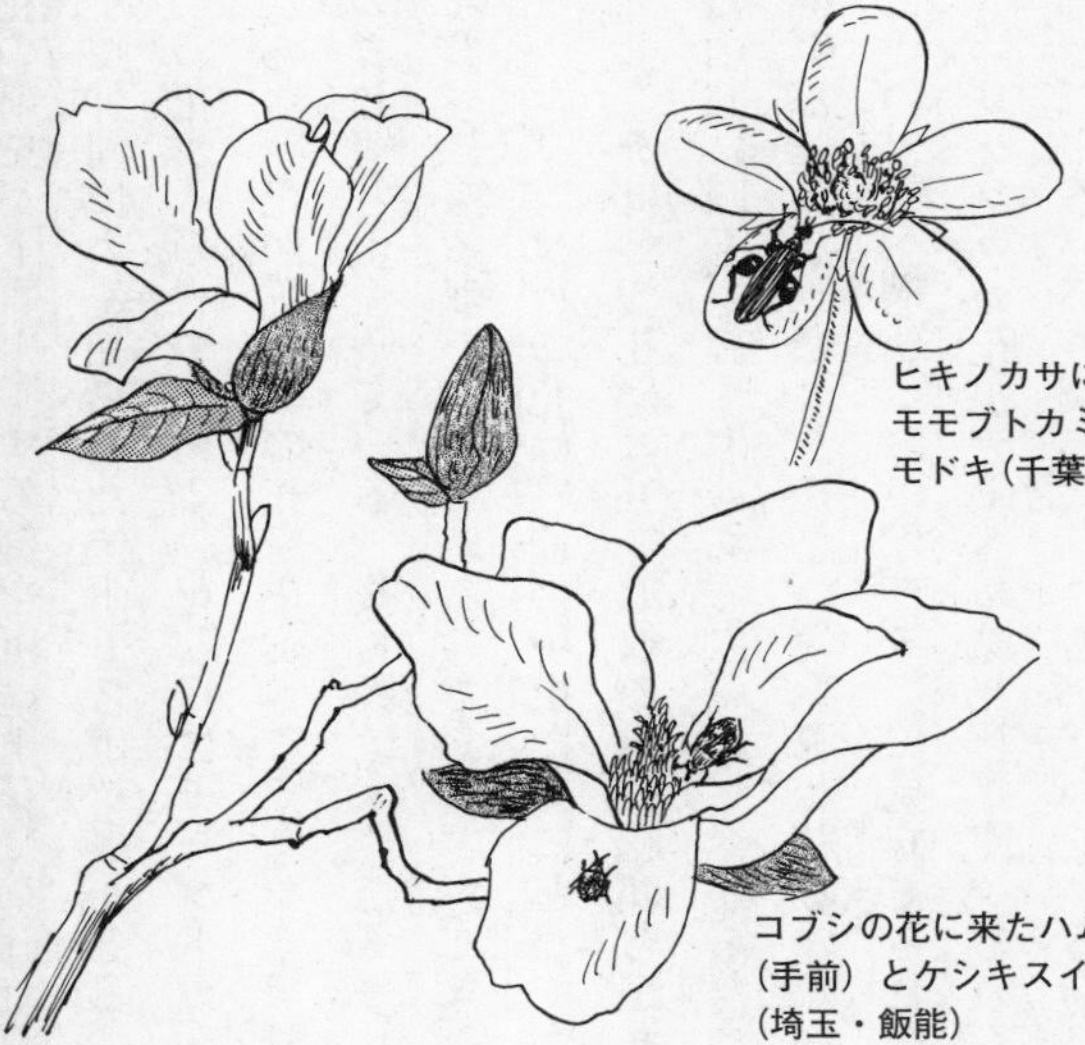

ヒキノカサにきたモモブトカミキリモドキ（千葉・多古）

コブシの花に来たハムシ（手前）とケシキスイ（埼玉・飯能）

チョウはサインとして羽の模様を使い、ホタルは光を利用する。ガは匂いで、セミやコオロギは音楽を奏でて雌を誘う。最近の研究によると、ミツバチの雄は特定の空間に群れて飛んで、交尾に訪れる女王蜂を待つことも明らかになっている。

本書では、花をデートの場所として利用する昆虫として、ヒゲナガハナバチがムラサキサギゴケの花の前をパトロールする例を110ページに挙げた。

甲虫仲間によく知られたデートスポットがある。春の林の下で咲く白いニリンソウの花がその一つである。花びらにモモブトカミキリモドキが止まっていることがある。だが雄しべの花粉を食べるでもなく、飛び立つこともせず、花の外を向いてじっと止まっている。後ろ脚は太くたくましく、雄だとわかる。彼は、花粉を食べに来る雌を待っているのである。すてきな彼女がくればいいが。

このニリンソウの花は、別の甲虫たちにとっても人気のデートスポットだ。直径二センチほどの花には五〜七枚の白い花びらがあり、蜜はださないが、花粉は花の中心に四十〜五十本もある白い雄しべからたっぷりだされる。その花粉は、卵を生む雌にとって欠かせない栄養源となるので食べにくるからだ。

古代の宝物《ほうもつ》、瑠璃《るり》（青いガラス）に見立てられた羽を持つ、ルリマルノミハムシもニリンソウの花をデートの場として使っている。この花の上では、長さ四ミリほどでまるい小さなハムシたちが交っている場に出合うことが多い。

こうした甲虫たちをのせたニリンソウの花は、太陽を追って、ゆっくりと西に

人気のデートスポット（♬二人はニリンソウ〜）

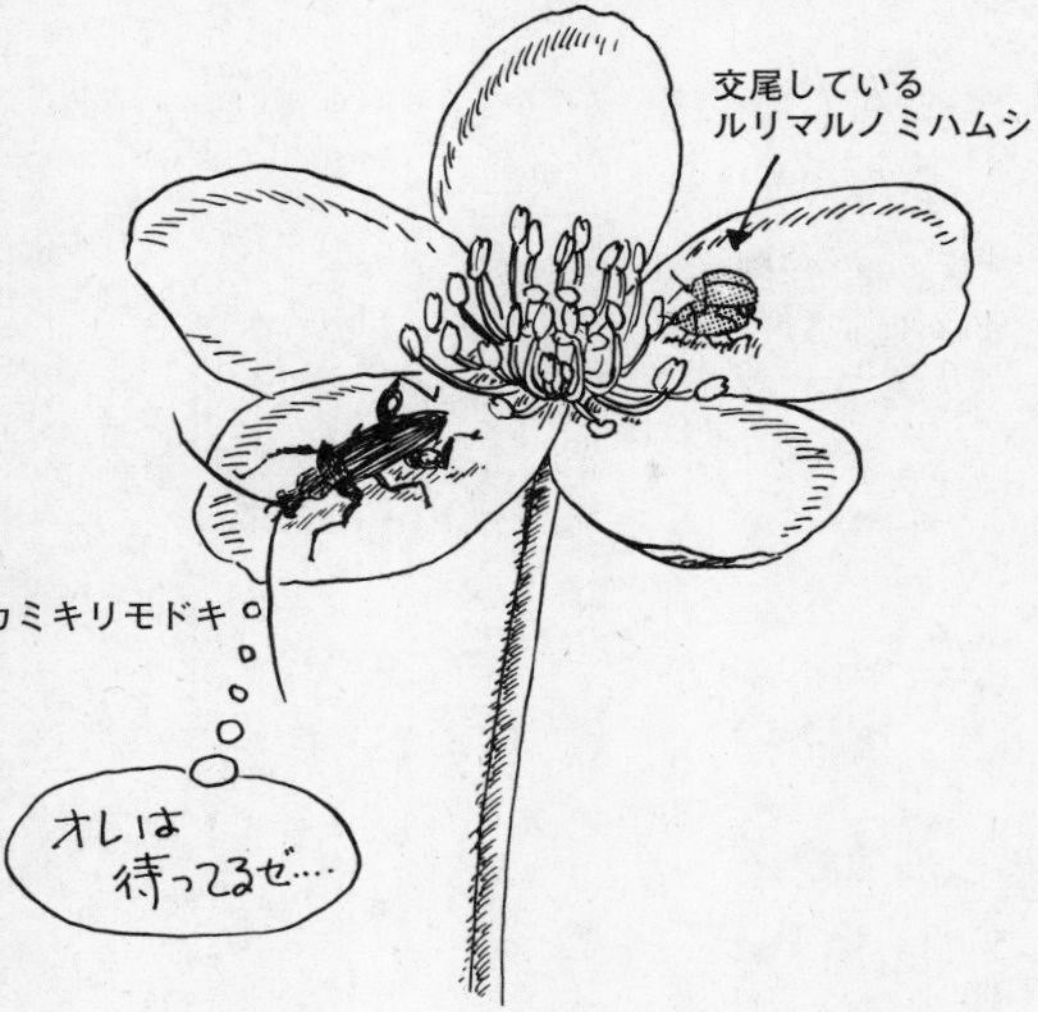
交尾している
ルリマルノミハムシ
雌を待つ
モモブトカミキリモドキ
の雄
オレは
待ってるぜ…

向きを変えていくのが印象的だ。

第六章

花と昆虫の戦い

ツリフネソウの敵

一九六〇年の秋のことだが、花の生態を調査するようになって二度目にツリフネソウの花と向きあった。東京は八王子の細い沢に咲く赤紫色の花のあいだを、多数の昆虫が飛び交っていた。そのとき、クロスズメバチの奇妙な行動が目を引いた。花のうしろの距《きょ》とよばれる渦巻の部分に、口をあてていたのだ。

その距のなかに蜜があるので、そこをかみ破って蜜を盗んでいるのだろうとよく見ると、はたして細長い切り傷があった。最初はこのハチが距に穴を開けて蜜を吸っているものと考えたが、クロスズメバチの大きさに比べて傷が大きすぎると気づいた。これは本で読んだクマバチの仕業かもしれないと考えて、その姿を求めたが付近には見あたらなかった。数えると、咲いていた花の半数近くに傷がついていたが、すでに午後五時を回っていたので、それ以上の探索はせずに現場

ツリフネソウに集まるハチ

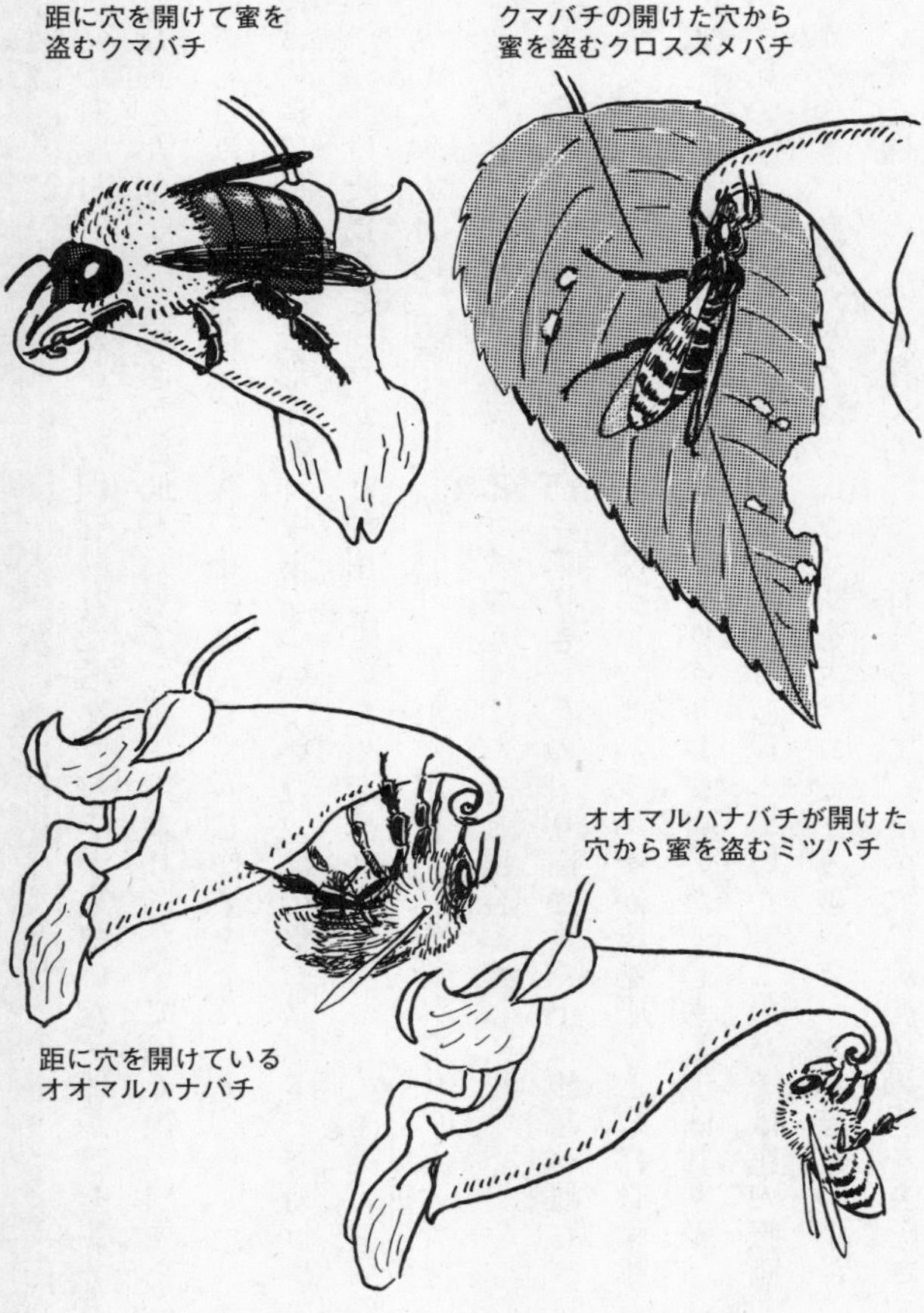

距に穴を開けて蜜を
盗むクマバチ
クマバチの開けた穴から
蜜を盗むクロスズメバチ
オオマルハナバチが開けた
穴から蜜を盗むミツバチ
距に穴を開けている
オオマルハナバチ

を離れた。

翌週の日曜日、ふたたびその沢を訪れた。クマバチが来ていた。体が二センチ以上もある大きなハチがさっと飛んで来て、花に馬乗りになって黒く鋭い口先を距にさしこみ、一、二秒後には次の花に飛んで、同じ作業をくりかえしていた。距には先週に見たと同じ形の新鮮な傷がついていた。あのクロスズメバチは、クマバチがつけた傷をちゃっかりと利用していたのだ。

一九八六年九月のこと、『植物の世界』の取材で埼玉県の秩父の山に入ったとき、ツリフネソウの花に来ているオオマルハナバチと出合った。

ツリフネソウの花は筒形で横向きに咲き、花の入り口のすぐ上に雄しべ雌しべが突きでていて、トラマルハナバチやナガマルハナバチが蜜を吸うときに必ず雄しべ雌しべに触れる形になっている、と103ページに書いた。しかし、同じマルハナバチ属のハチでもオオマルハナバチの行動は違っていた。このハチは花の腹側にしがみつき、丸めたしっぽのような距を大アゴでかみ破って一ミリほどの小さな丸い穴を開ける。その後、ちょっと体をひいて、その穴に赤褐色の舌をさしこ

ザクロの実と花

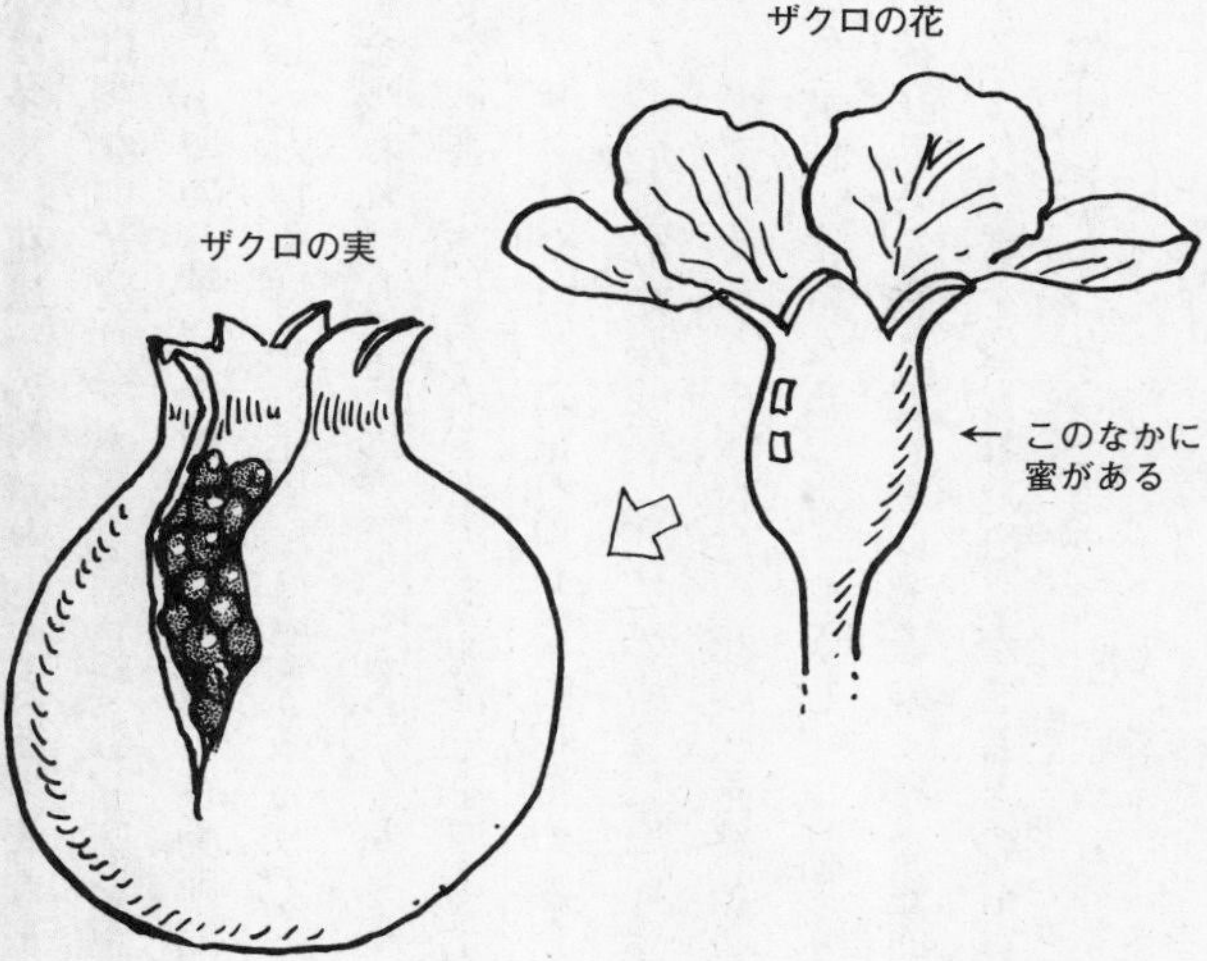

んで蜜を吸うのだ。クマバチと同じで、距に穴を開けて蜜を盗む。違うのは、花の腹側につかまることと、まえに開いた穴があればその穴を再利用する点だ。

この穴は、ミツバチやヤガの一種も利用していた。言うまでもないが、このような蜜の吸い方をする昆虫が何回来ても、花粉の媒介はせず、蜜は無償で取られるばかりである。

花をただで利用する昆虫の

種類は多く、花はその対策としてさまざまな形や機能を開発してきたが、万全なものは少ない。ツリフネソウにしても、蜜を距の奥深くに入れたことで、ハナアブ類や小型のハナバチ類など口が短く行動範囲の狭い昆虫を避けることはできた。しかし、刃物を持った昆虫には距を破られて、雄しべ雌しべにまったく触れないで蜜を吸われてしまうのだ。

その被害を防ぐため、蜜のある部分を厚くする方法もある。それを実行しているのがザクロやボケの花だ。ともに花粉の媒介を鳥に依存している花だが、蜜を入れた筒の部分が厚く堅い。このように厚い壁を作るにはそれなりの資源が必要だが、ザクロやボケの場合は、花の咲き終わった後も実を守る壁になるので、資源の無駄使いにはならない。しかし、ツリフネソウの花の寿命はたった二日で、その後花びらを捨ててしまう。そのような短期の利用のために丈夫な壁を作ろうとするより、蜜を盗られたほうがましとの計算がなりたち、丈夫な距を作るような進化はしなかったのだろう。

昨日の敵は今日の友

　ツリフネソウの花をねらう泥棒は多く、花の正面から蜜や花粉をねらう昆虫もいる。クサギやマツヨイグサでは花粉の運び手として役立ったスズメガ類も、その仲間だ。スズメガ類はヘリコプターのように飛びながら花のまえの空中に静止し、三センチ以上もある長い口を花の奥にさしこんで蜜を吸う。筒はその口よりは短いので、ガの頭や体は雄しべや雌しべに触れない。もし口が触れることがあっても、細い口につく花粉はわずかだし、ついた花粉が針のように細い雌しべの先につく確率はたいへん低いと考えられる。このガも、ツリフネソウにくる泥棒なのだ。

　蜜を距のなかに入れたことでハナアブ類になめられることはなくなったが、花の入り口に下がっている雄しべには、後ろ脚で立ち上がれば口が届くから花粉がなめられてしまう。同じようにミツバチも、ツリフネソウの花粉を目当てに訪れる。ミツバチたちは雄しべを抱きかかえるようにして、腹側の毛で花粉をこすり取る。本来ツリフネソウがもくろんだ花粉の媒介方法ではなく、効率は悪いかもしれないが、花粉は運ばれるはずだ。ただ、それらの昆虫は絶え間なく訪れるマルハナバチの前には少数派にすぎない。

東京の市街地の真んなかに、国立科学博物館の付属施設として自然教育園がある。ここはシイなどの林を主にした自然林が残っていて、その中央の湿地にもツリフネソウが生えている。

一九八七年のこと、そこでツリフネソウの花を観察していて異常に気づいた。正常な花に混じって花の後ろに距がない花がいくつもある。距がないということは蜜がないということになる。これでタネが残せるのだろうか。そのときはあまり気にとめずに過ぎてしまったが、九年後に本を書くにあたって距のないツリフネソウを思い出した。さっそくカメラを持って自然教育園を訪れ、そのツリフネ

ツリフネソウの蜜を盗むホシホウジャク

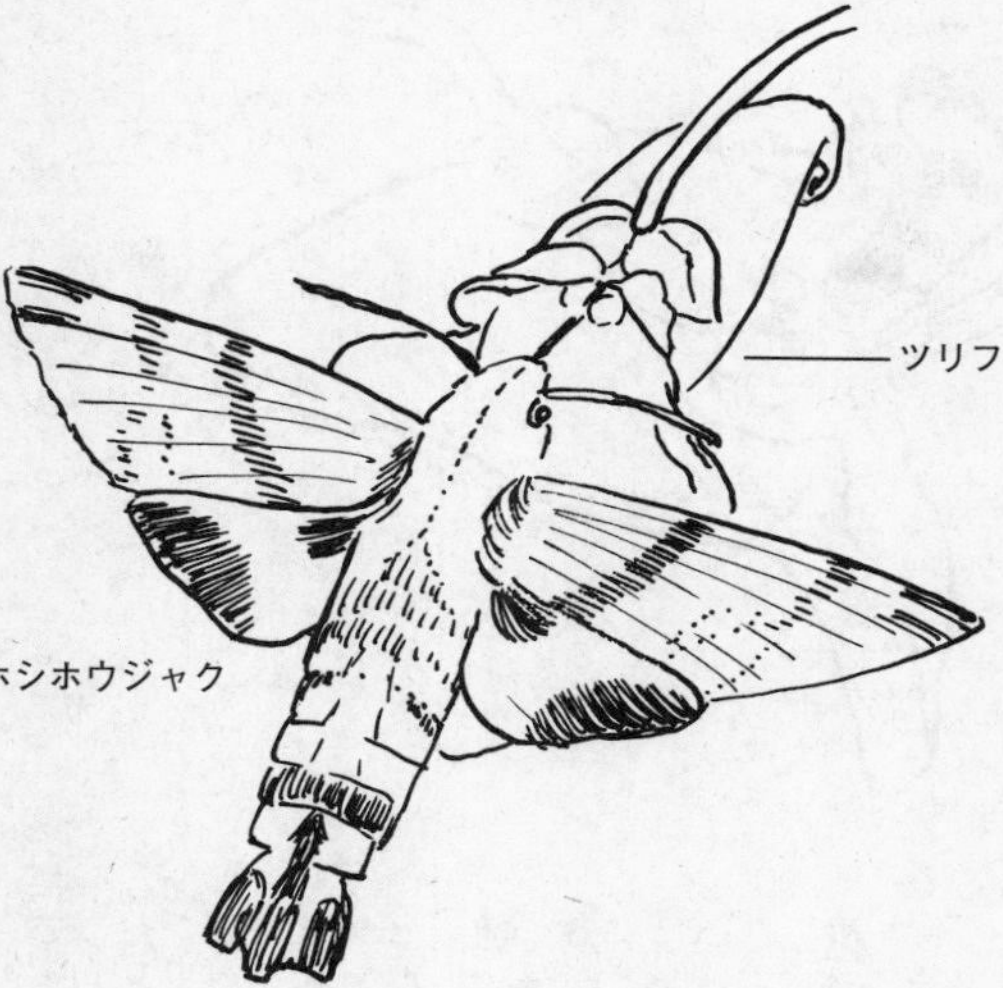

ソウを探した。あった、以前見たのと同じような形をして咲いていた。

ツリフネソウは一年草なので九年前の株が残っていたのではない。タネを通して距のない性質が受けつがれてきたはずだ。距のないツリフネソウはほかの地域でもまれに発見される。しかし、距がなければマルハナバチ類が訪れず十分な花粉を受けられないため、タネを作る機会が減って自然

距《きょ》のないツリフネソウとミツバチ

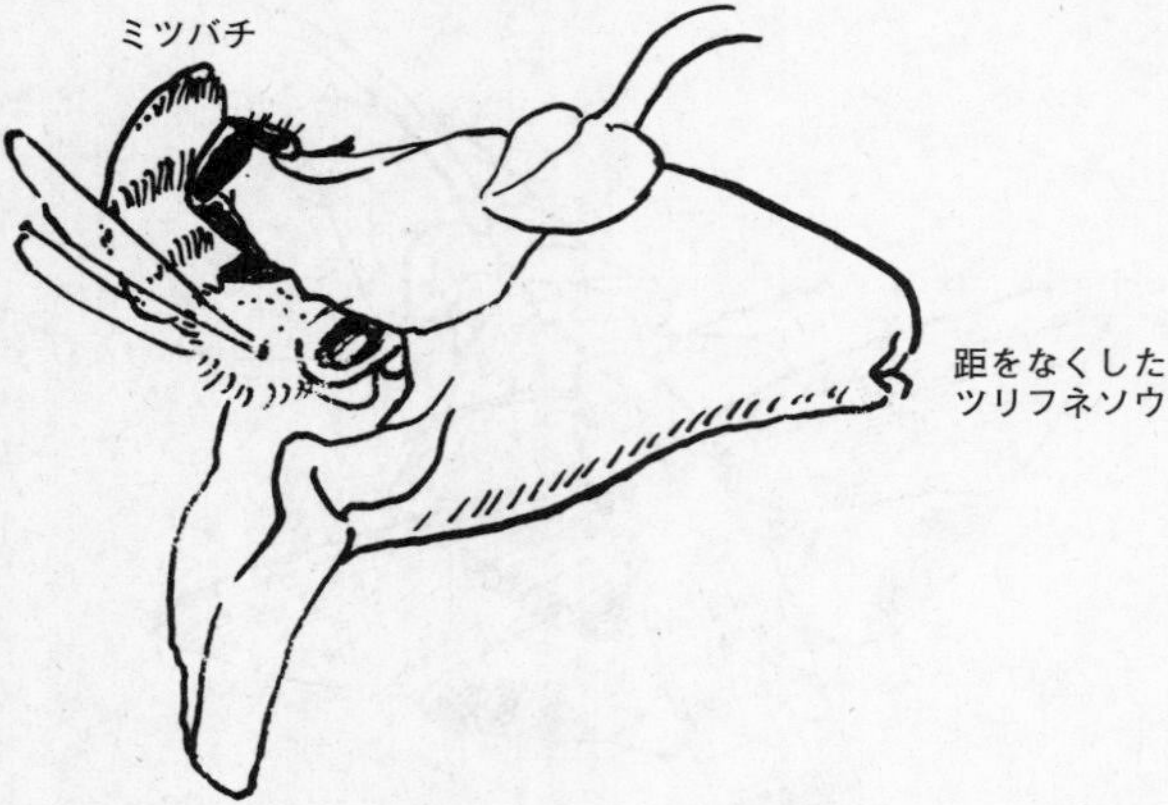

に消滅していくはずだ。そのため「まれに」というほど数が少ないのだと考えられる。それが自然教育園でなぜ生き残っているのか。理由は単純、都市の真んなかにあるこの小さな自然に、ツリフネソウの花粉を運ぶトラマルハナバチがいないからだ。

　冬越しをしたトラマルハナバチの女王蜂は、早春に巣造りを始めて、花から花粉と蜜を集めて働き蜂を育て、それらの助けを得ながら巣を拡大し、秋に雄蜂と次世代の女王蜂を育てて一生を終える。その巣は森林に住むノネズミの古巣などを使って営まれ、春から秋遅くまで絶えることなく花が咲いている環境でないと食料不足となる。自然教育園や周辺では、その生活環境を支える要素のなにかが欠けているのだろう、このハチがいないのだ。

そうなると、受粉をしてくれるのは花粉を集めに来るミツバチだから、蜜を分泌してもしなくても受粉のチャンスは同じになる。むしろここでは、距のない花は距を作ったり蜜を分泌したりするエネルギーを、タネを作るほうに回すことができるはずで、生き残るのにかえって有利なのかもしれない。そのような自然選択の力が働いて、距のないツリフネソウが代々生き残っているのだろう。

私たちは、ツリフネソウの花が花粉だけを提供する「花粉花」へと進化する初期の段階を見ている。そしてここで花粉を運んでくれるのは、筒形の花を作ってまで排除しようとしていた「昨日の敵」イコールロの短い昆虫たちなのだ。

蜜腺をくるむスミレ

スミレやタチツボスミレの花粉の授受方法は独特だ。上に向かってのびていた花の柄が急に向きを変えて先端が下を向き、花はその柄につり下げられたようになって咲く。

五枚の花びらがあり、下の一枚は前方に突きだして昆虫の着陸場となる。その花びらの後ろは袋のような距になっている。スミレの絵を描くとき、先が下向きになった柄と後方に突きでた距をつけると、もっともらしくなる。この二つの特徴が、「スミレ型」とでも名付けたいほど独特の受粉方法の鍵となっているのだ。

花のいろいろな器官をピンセットで順に外してみると、花のつくりがわかってくる。花の中心には緑色の雌しべがあって柄にしっかりついている。雌しべの周囲を五個の雄しべがすきまなくとり囲み、それぞれの雄しべの先には三角形で褐

スミレの花と断面

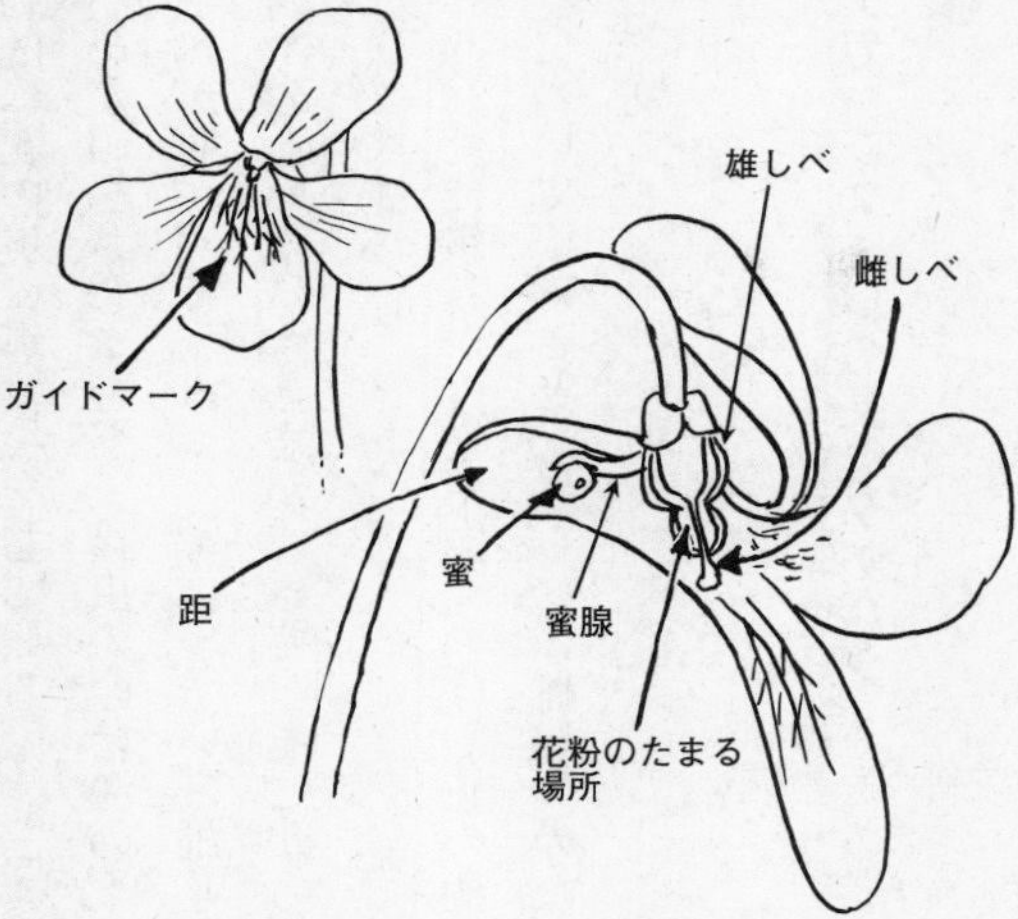

色の鱗片《りんぺん》がついている。それら五枚の鱗片が重なり合って円錐形のジョウゴを作っている。花粉は、虫媒花にはめずらしくサラサラである。と、ここまでは観察すれば確認できるが、このサラサラな花粉は花が咲くと雄しべからこぼれでて、鱗片のジョウゴのなかにたまる。ジョウゴの中心には、雌しべの先が通っている。

　蜜を吸いに来るのはハナバチで、下の花びらに止まって正面から長めの口をさしこむ。下の花びらの中央には深い溝があり、昆虫の口を自動的に花の奥に導く役をしている。

ハチが口をさしこむと、昆虫の頭は溝の上にある雌しべの先に触れる。すると、雌しべが曲がってジョウゴを作っている雄しべの鱗片の並びを乱してしまい、鱗片同士のあいだにすきまができて、そこから花粉がサラサラとこぼれ、昆虫の頭につくのである。

こうした仕組みがうまく働くのは、花の柄の先が下向きで雄しべも雌しべも下向きについていること、さらに、雌しべのなかほどが細くなっていて動きやすいからである。

ナガハシスミレの長いクチバシ

ナガハシスミレは、花のつくりはスミレによく似ているが、花の後ろにのびた距と呼ばれる筒が長くのびているので、それを鳥のクチバシに見立ててナガハシスミレという名がついた。このスミレはその長いクチバシで何をするのだろうか。ムック『植物の世界』の取材に関連して新潟大学の森田《もりた》竜義《たつよし》先生に案内していただき、佐渡の大きな島影をまえにした角田《かくだ》山で調査した。

観察の結果、ナガハシスミレの花にもっとも回数多く訪れたのはビロウドツリアブだとわかった。ビロウドツリアブは春先にあらわれる褐色のビロードのような毛におおわれたアブで、フキの花の上やカタクリの花のまえでは羽ばたきながら空中に停止して、八ミリもある長い口をのばして蜜を吸っている。そのため、多くの花では雄しべや雌しべにはめったに触れない昆虫で、ツリフネソウの蜜を盗るスズメガ類のミニチュア版だ。

しかし、ナガハシスミレは、長い距の奥に蜜をかくすことでそのやっかいもののビロウドツリアブをうまく利用していた。そのための道具が、長い距と下方にのびた下の花弁だ。下の花弁はスミレのように前方に突きでた着陸場にはなっておらず、むしろ反り返りぎみ。そのほうが、ビロウドツリアブが止まりやすいようだった。

ところで、ナガハシスミレを含むスミレの仲間の蜜は、ツリフネソウのように、距の壁から分泌されるのではなく、雄しべから距のなかに入りこんだ角状の蜜腺の先からだされる。その蜜腺を花びらでくるむことで、口の短いハナアブ類や甲虫に、無駄に蜜を吸われてしまうことを防いでいる。ただ問題なのは、クマバチやオオマルハナバチなど、穴を開けて蜜をただ呑みする虫たちだ。

観察結果を『植物研究雑誌』に報告した後、スミレ属の花の受粉法について書いておられる大阪市立自然史博物館の岡本素治《おかもともとはる》先生からヒントをいただき、距の長さと角の長さとの関係を考えなおしてみた。

ナガハシスミレの距の長さを測ってみると、平均は十五ミリほどだったが、十〜十九ミリと、長さに大きなバラつきがあった。一方、距に入りこんでいる雄しべの角の長さは四〜十ミリで平均は七ミリほど。平均値だけでみると、角は距のほぼ二分の一となる。

ところが、データをくわしくみると、両者のあいだにはまったく関係がないこ

ナガハシスミレに来たビロウドツリアブ

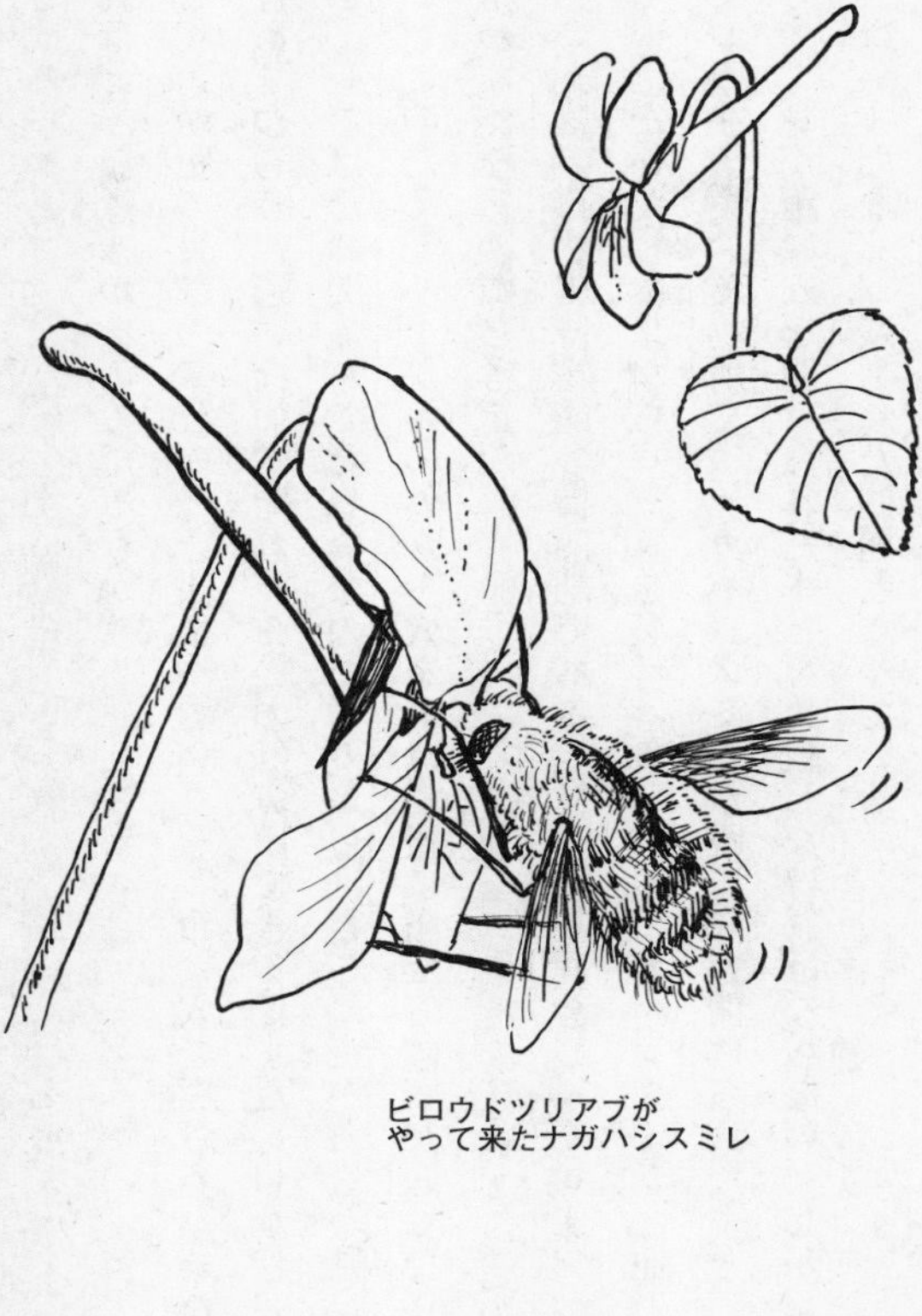

とがわかった。　長い距に短い角が入っていたり、短い距に長さ一杯の角が入っていたりする。

それはどんな意味があるのだろうか。

もし、角が距の長さの二分の一と決まっていたら、距に穴を開けるハチたちはその位置をねらうに違いない。それぐらいの計算はできるはずだ。しかし、ナガハシスミレではその関係がでたらめなので、外からはどこに蜜があるか見定められない。このため、ハチが距の外から穴をあけて蜜に当たる確率が低くなり、あまり狙わなくなるのだと考えた。

この考えは、自然史博物館の機関誌である「Nature Study」に書かせていただいた。本来なら、それを裏付けるためにナガハシスミレと他の種類のスミレが生えている場所で、ナガハシスミレが距に穴を開けられた率と、他の種類のスミレが距に穴を開けられた率とを比較しなければならない。しかしそのデータはいまだなく、残された問題となっている。

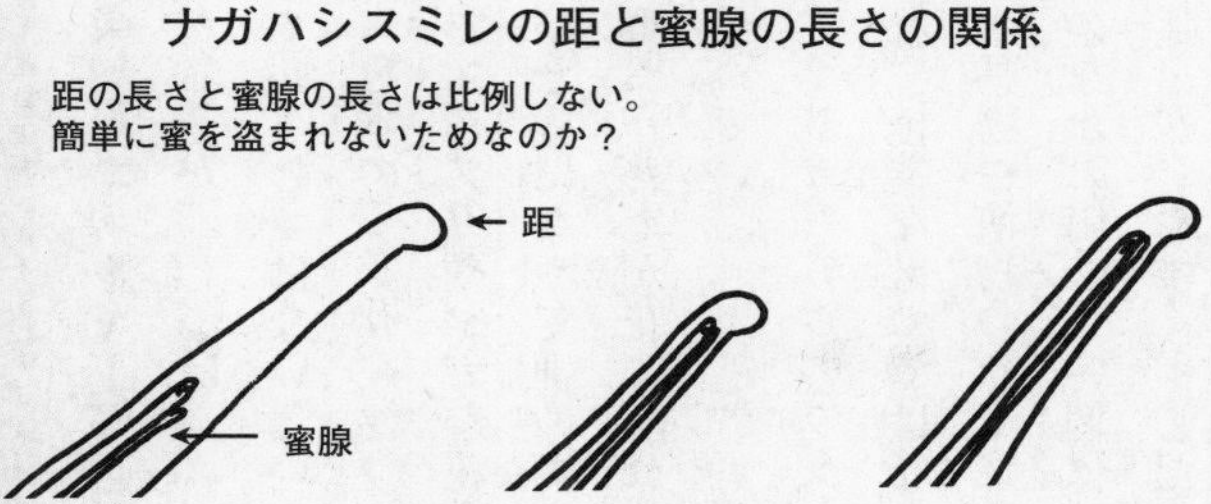

ナガハシスミレの距と蜜腺の長さの関係
距の長さと蜜腺の長さは比例しない。
簡単に蜜を盗まれないためなのか？

ランとガの暴走

アフリカ大陸の東にあるマダガスカル島には、アングレクムというランが生えている。花の後ろに長い管を垂らしていて、その長さは二十五〜三十センチにもなる。この長い管は、蜜を蓄えている距である。この長い距のなかから蜜を吸い花粉を媒介する昆虫がいるからこそ、距をそこまで長く進化させたはずである。

進化論で知られるダーウィンがこの花を見て「口の長さが三十センチになる昆虫がいるはずだ」と予言していた。はたして四十年後、予言どおりキサントパンスズメガが発見された。

三十センチもの長い管やそれに見合う長い口を用意するには、それだけ余計に栄養やエネルギーが必要になる。ランもガも、なぜそんなに無駄な進化をしたのだろうか。じつは、この花とガの関係こそ、花も昆虫もたがいに助け合おうとしているのではないという証拠につながるものである。

日本のツレサギソウやトンボソウというランは、信州大学の井上健《いのうえけん》先生の研究でスズメガやヤガが花粉を運ぶことが明らかにされている。それらの花の花粉は、ひと塊になって細い柄がついている。花の後ろにある細長い距に蓄えられた蜜を吸おうとガが花に触れると、花粉は塊のままガの頭について運ばれていくようになっている。

マダガスカルのランとガの関係も同じ仕組みで花粉が運ばれるが、初めはそんなに極端なものではなかったはずだ。しかし、いつからか両者が暴走をし始めた。

動物や植物のサイズにはバラつきがあるもので、祖先のキサントパンスズメガのなかの口が長い個体は、花粉の塊などつかずに楽に蜜が吸えるのでそれだけ子孫を残しやすく、しだいに口の長いキサントパンスズメガが多くなってきたと考

アングレクム(ラン)から蜜を吸うキサントパンスズメガ

えられる。

そうすると、アングレクムのなかで距の短いものはタネが作れなくなってしまい、しだいに距の長いランの比が高くなってくる。次の段階でも、口の長いガは有利で、ランはガに花粉がつくよう距がより長いものが子をのこす。この関係は、ガがちょっと走ると花がすぐ追いつき、またガが走る。そんなくりかえしで止まることなく走り去っていく進化となった。「去っていく」と書いたが、関係がここまで深まると、一方の絶滅が相手の絶滅につながり、いつかどこかで両者の絶滅という形で地上から去ってしまうだろう、という意味を含んでいる。

世界中のガと花との関係は同じなのだから、三十センチの距を持つ花などどこにもありそうだが、それがめずらしいのにはそれなりの理由がある。花も昆虫もそんな無駄なゲームをしていては、資源の無駄使いになる。また、クマバチのような蜜泥棒に邪魔されたりして、他の種類との競争に負けてしまうはずだ。むしろ、マダガスカルで無駄とも見えるような花や昆虫が生活できるのは、彼らが平和で恵まれた自然に囲まれて生活してきたからだ、とも考えられる。

アングレクムとキサントパンスズメガののっぴきならない関係

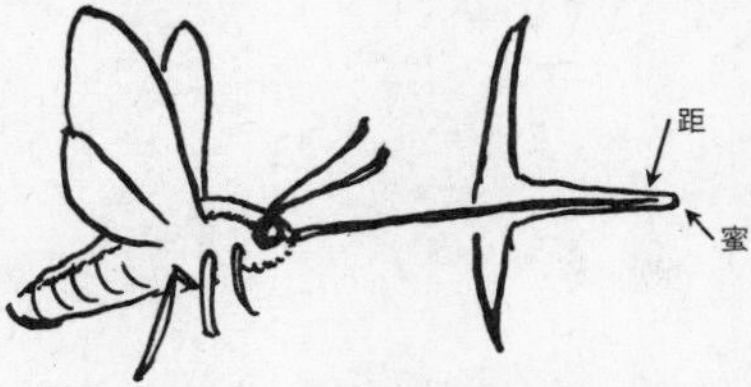
距
蜜

昔々スズメガの口はまだ短く花の距は短かった……
やがて、長い長い年月のあいだに……

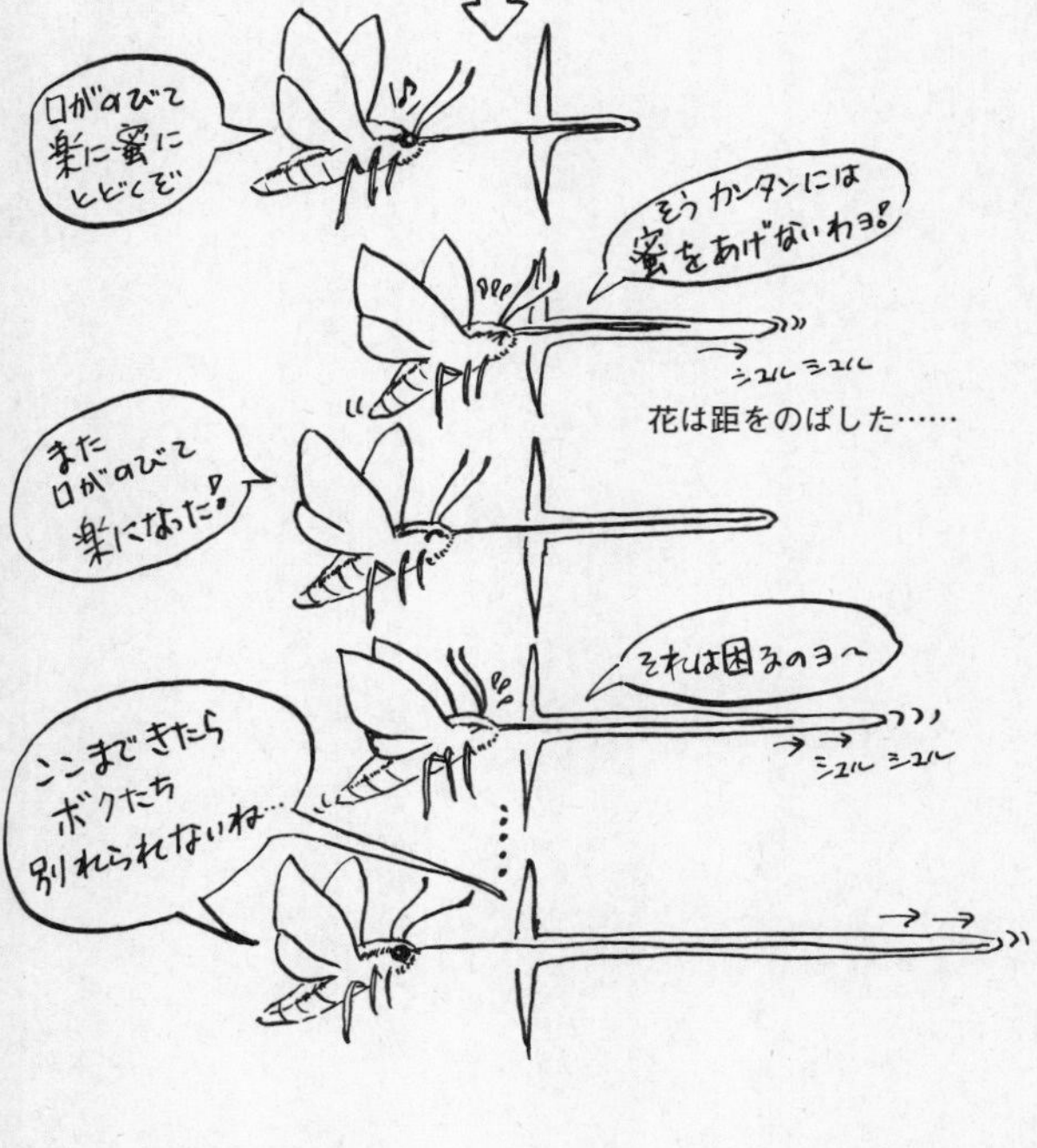
口がのびて 楽に蜜に とどくぞ
そう カンタンには 蜜をあげないわヨ!
シュル シュル
また 口がのびて 楽になった!
それは困るのヨ〜
シュル シュル
ここまできたら ボクたち 別れられないね…

花は距をのばした……

第七章

虫をあざむく花たち

虫の命とひきかえに――マムシグサ

サラセニアは、長い筒状の葉のなかに昆虫が誤って滑り落ちたら、なかにある消化液でとかして吸収してしまう食虫植物だ。

不気味にもそのサラセニアの葉に形がそっくりな花をつける植物がある。その名もあやしげでマムシグサだ。

花と書いたが、外から見えるのは穂を保護するホウである。雨水が入らないように蓋《ふた》までついているのもサラセニアの葉にそっくりだ。ホウのなかには一本の軸が立っていて、その下部にたくさんの花がついている。花といっても花びらはなく、雄の穂には雄しべだけが、雌の穂には雌しべだけがトウモロコシの実のようにびっしり並んでいる。その回りを、サラセニアの葉のようなホウが包んでいる。

サラセニアの葉とマムシグサの花

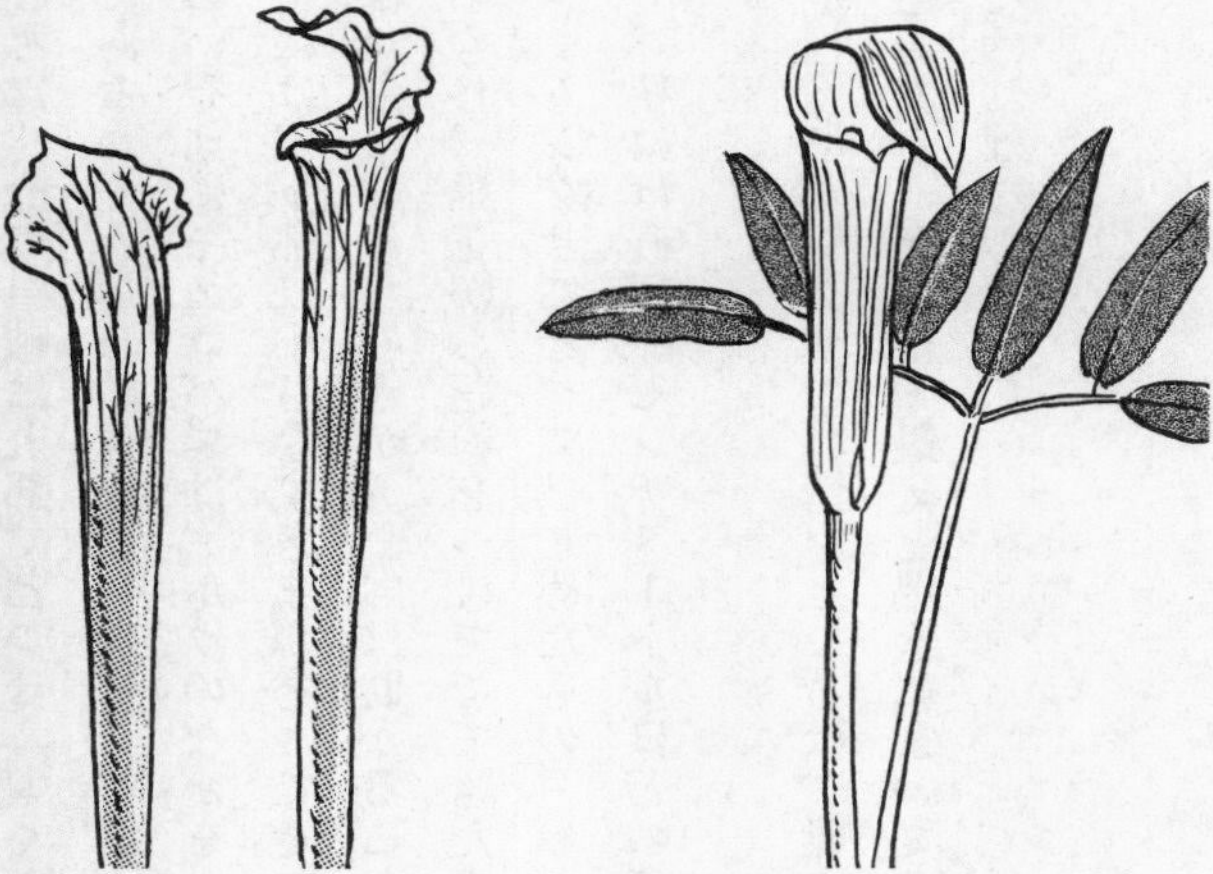

　我々には匂いなどは感じられないが、何かにひかれて小さなキノコバエの仲間が来る。そしてホウのなかに滑り落ちたとき、キノコバエは花粉媒介のサイクルに乗せられてしまう。脱出しようとしてもホウの壁はつるつるで、よじ登ることはできない。唯一登れるのは足がかりとなる雄しべや雌しべの集団だ。

　そこをはい上がっていくと、その先は雄しべや雌しべもなくなって穂の中軸だけになる。

悪いことに、その中軸は上部でとつぜん太くなる。ちょうど校倉式《あぜくらしき》の倉庫の柱の途中にあるねずみ返しのように、キノコバエの行く手をふさいでしまう。かわいそうにキノコバエは、ホウのなかをさまようことになるが、雄花を包んだホウには、下部に小さなすきまがあってそこから脱出できる。細かくて白い花粉で真っ白になるだろうが、一応は助かることができる。

だがもし、雄花から花粉をつけてでてきたキノコバエがこんどは雌の穂に落ちたら、マムシグサにとってはしめたもの。歩き回るあいだに雌しべの先に花粉がついて、秋には直径一センチメートルほどの真っ赤な実をたくさんつけた穂になれるのだ。

しかし、マムシグサの非情なところは、雌のホウにはキノコバエの脱出口がないことである。ハエは、飢えと渇きによって死にいたるまで、ホウのなかをさまよわなければならない。

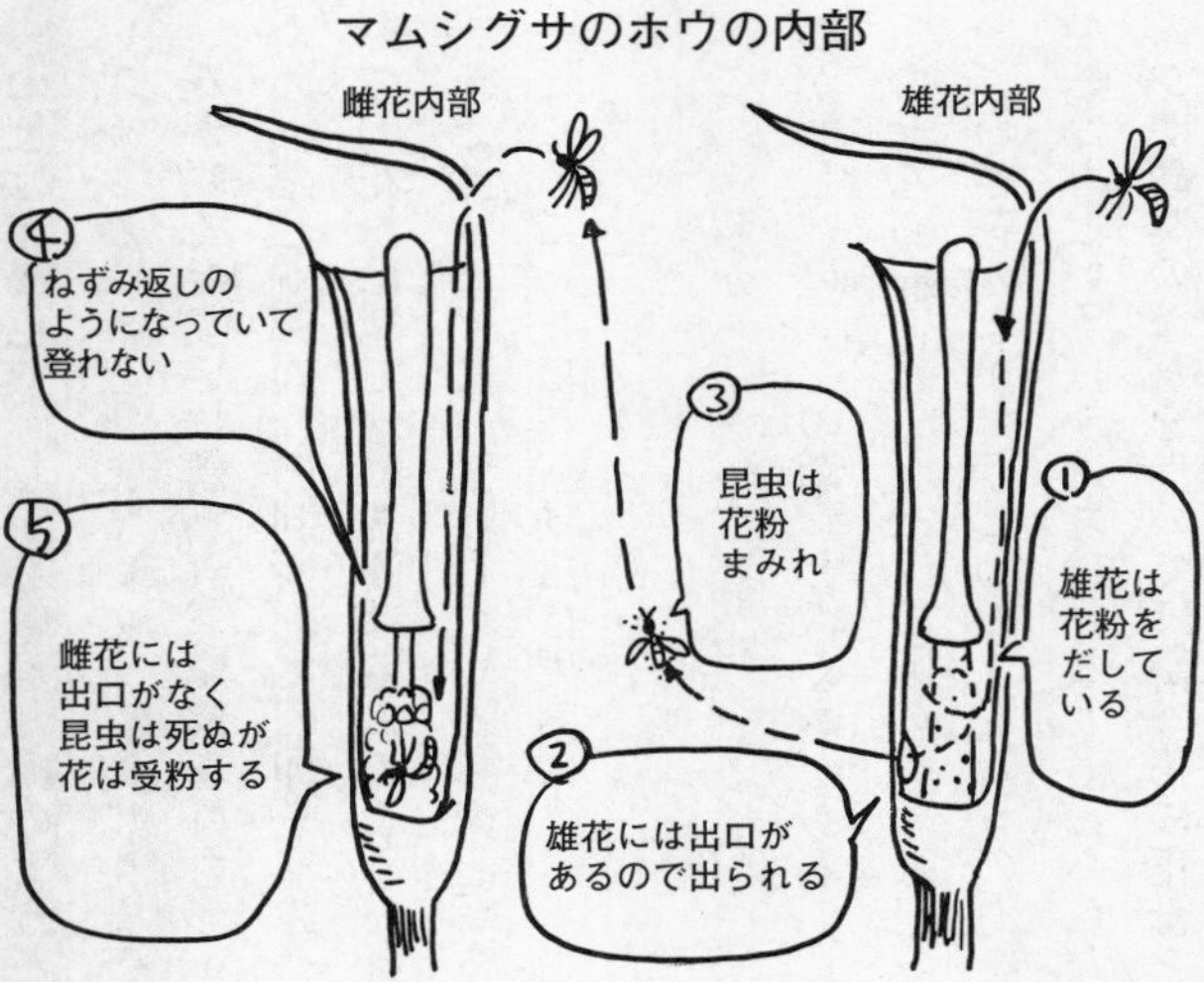
マムシグサのホウの内部
雌花内部
雄花内部
④ ねずみ返しのようになっていて登れない
⑤ 雌花には出口がなく昆虫は死ぬが花は受粉する
③ 昆虫は花粉まみれ
② 雄花には出口があるので出られる
① 雄花は花粉をだしている

腐った肉に化けるスタペリア

砂漠で窒素化合物を豊かに含むものといえば、動物の死骸だ。とはいえ、ハエたちがおこぼれをいただく食い残しはそれほど多くはない。そのすきをついて、だましのテクニックを使う花がある。

そのテクニックを使うのは、直径二十センチを超える星形の花をつけるスタペリアだ。花びらの色は赤褐色で、しかも腐った肉のような臭いも発している。そのうえ白っぽい毛がふわふわと生えていて、腐肉に生えたカビまでまねている。

花が咲くと臭いに誘われ、腐肉を好むハエが来て、色をたしかめ、感触をたしかめ、たしかに肉だと判断して、卵を産みつける。花の中心部は複雑な形をしていて、花粉は塊で端に洗濯ばさみのような付属物があり、それでハエの脚にしっかりとつかまって、運ばれていくのだという。しかし、何日か過ぎて卵がかえったところで、花は花、幼虫は周囲に食べものを発見できず、やがて餓死してしまう。

この過程から、「ハエの幼虫、すなわちウジムシが花のなかを歩き回るので花粉が雌しべにつくのだ」と書く本がある。しかしそれは誤りだ。

なぜなら、直径二十センチもの大きな目立つ花をつけ、しかもハエが来るのに、わざわざ花のなかでうごめくウジムシの力を借りて花粉を同じ花の雌しべに運ばせるなどというばかげた植物など考えられないからだ。また、生まれたてのウジムシが砂漠のなかを歩いてほかの花に花粉を運ぶなど、とうていできない。

腐肉臭を発してハエをよびよせるスタペリアの花

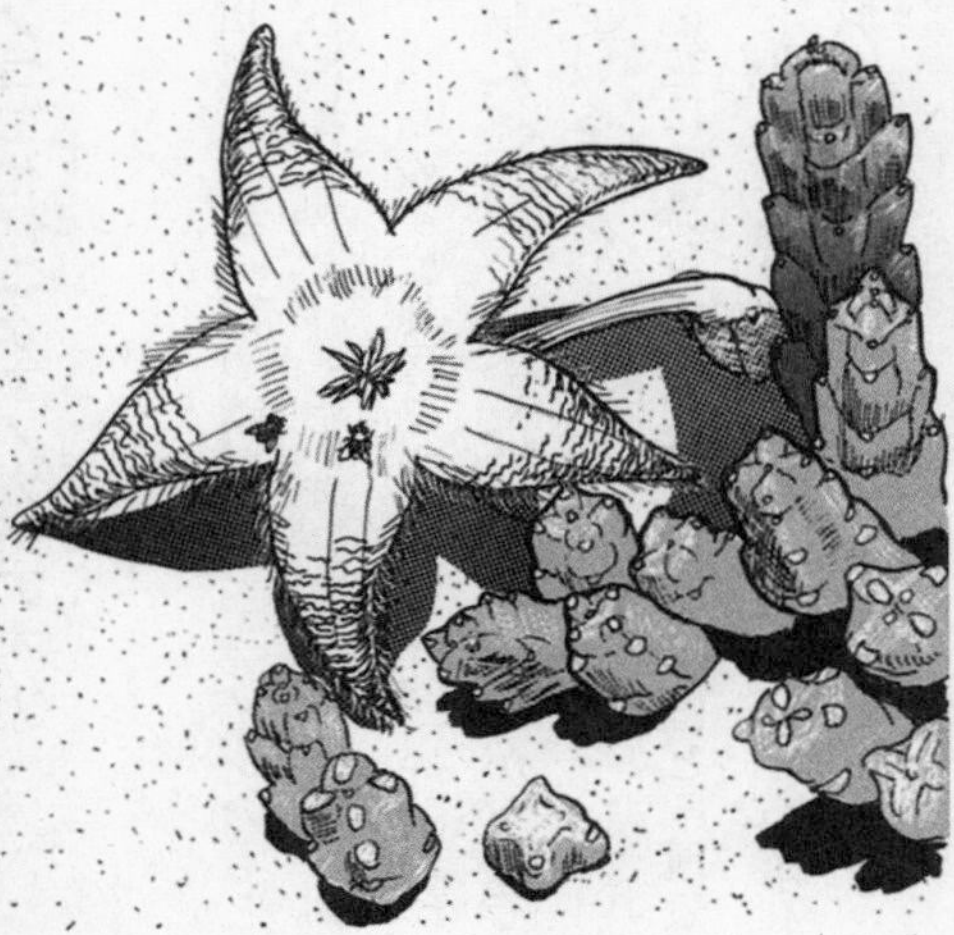

花粉は、ハエが腐肉と思って訪れたときや卵を産むときに、花のなかを歩き回るハエにつき、そのハエが別の花に行って雌しべに授粉すると考えたほうが自然だ。

キノコに化けるタマノカンアオイ

徳川家の家紋「三つ葉葵《あおい》」のデザインのもとになった植物は、フタバアオイだといわれる。フタバアオイに近いタマノカンアオイ（多摩の寒葵）という植物があり、東京の多摩地区を中心に生えている。つやのあるハート形の葉をつけている植物だ。姿がハート形でやさしい心がありそうに見えるが、なかなかのことをやっている。

この花は暗赤色で、直径三センチほど。地表に転がるように、あるいは半ば落ち葉に埋まるようにして咲いている。三枚の花びらがあり、その後ろはツボのような形になっている。ツボの内部は一辺一〜二ミリの細かなマス目に仕切られている。

この花の受粉の方法が知られていなかった一九六六年と六七年の初夏、それを

林の下に生えるタマノカンアオイ

明らかにしようと、たくさんの花を観察したことがある。生育地を歩きながら、花を見つけるとかがんでなかをのぞき、何がいるかを記録した。クモ、アリマキなどは見られたが、花粉を媒介しそうな移動力の高い動物はなかなか見つからなかった。百個近くのぞいているうちに、花のなかに花と同じ色をした二センチほどの毛虫、カノコガの幼虫を発見した。

それを生きたまま採取し、タマノカンアオイの花と一緒に持ち帰った。翌朝見るとこの毛虫は発見したときと同じように、花の外側と雌しべを残して、なかの壁と雄しべをきれいに食べてしまっていた。強調するが、「雌しべ」が残ったのだ。この観察から次のような物語を私なりにあみだして、それまでたびたび投稿していた雑誌『採集と飼育』に原稿を送り、掲載された。一九六七年のことだ。

あらすじは、「カノコガの幼虫はタマノカンアオイの花のなかを食う。そのとき体に花粉がつき、次の花を食べに行って雌しべに花粉がつく。ただ、雌しべはまずい（?）ので食べ残す。それでタマノカンアオイは結実できるのだ」というものだった。

その後カノコガの幼虫が花のなかにいたという報告はなく、それは物語に終わってしまった。偶然の出合いだったのだ。私に採取され、標本として死んでしまったカノコガの幼虫にとってはとんだ災難だったのである。

一九八〇年代に当時、東京都立大学に籍のあった菅原敬《すがわらたかし》先生が、この謎解きに挑戦した。やはりたくさんの花を丹念に観察していった結果、キノコバエという

花は地面に
ころがって咲く

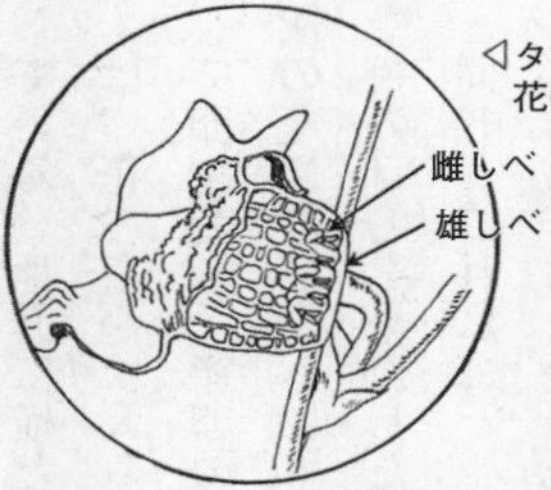

◁タマノカンアオイの
花の断面図

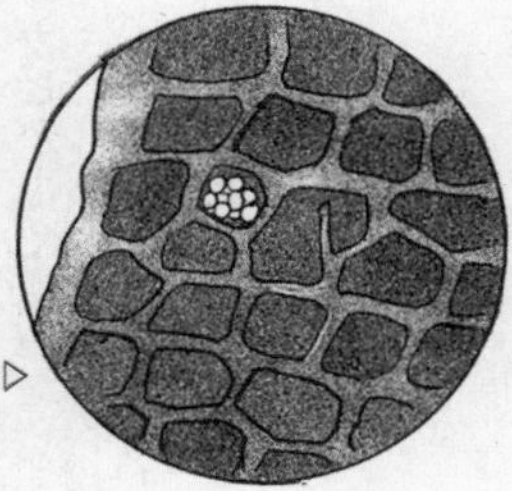

産みつけられた▷
キノコバエの卵

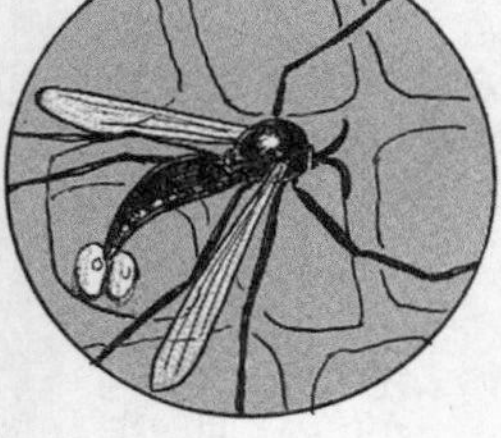

◁花粉を媒介する
キノコバエの産卵

キノコを食べて育つハエがこの花の花粉を運ぶことがわかった。

花からはキノコのような匂いがしている。地面に横たわっているこの花を「キノコだ!」と勘違いしたキノコバエは、花のなかに入る。なかには細かいマス目があるのでキノコのひだだと誤認して卵を産む。産卵の場所探しをしているあいだにキノコバエには花粉がつき、次の花に卵を産みに行ったとき雌しべに花粉がつけば、タマノカンアオイの花は受粉の目的を果たしたことになる。

ところが、話は、ハート形の葉と同じくこれにてハッピーエンド、とはいかなかった。花に産みつけられた卵はかえることはなかった、と菅原先生は書いている。そういえば、私の見た卵の表面にもカビが生えていた……。

スタペリアはガガイモ科の植物であり、タマノカンアオイはカンアオイ科の植物で縁の遠い間柄だが、ハエに産卵場所だと思わせてあざむくという、まったく同じ方法をとっていることは間違いない。

雌に化けたラン

「ランの仲間には昆虫をあざむく花が多い」と書きだして気づいた。人間はもっともこっぴどくあざむかれているのだと。園芸家はその多様な花の形を求めて、ランのために莫大な金品を注ぎこみ増殖しようとしている。

ランのもっとも大きく目立つ花びらを唇弁《しんべん》というが、ヨーロッパに生育するオフリスという一群のランは、その唇弁をうまく使って雌のハチに化けている（211ページの絵）。そのうえ匂いまで雌に似せているのだという。ハチの雌をまねたオフリスの一種ミラーオーキッドの花に雄のハチが来て、花の一部とは知らずに唇弁と交尾しようとしがみつく。だがそこには雌の交尾器はなく、空しい努力のあと花を離れるときハチの頭には黄色いかんざしのような花粉の塊《かたまり》がつけられる。このハチが別のオーキッドの花に出合い、またまた交尾しようとすると、その花粉の塊が雌しべにつくという仕掛けだ。

このオフリスの仲間の唇弁は、羽化したての羽が広がりきらないガのような姿をしていて、褐色や白などの模様があって細かい毛におおわれている。なんとなく虫には見えるがどう見ても雌のハチには見えない。それでも交尾しようとするのだから、雄のハチが雌を認識するための信号だけは、そろっているのだろう。ハチの雄はふつう雌より早くあらわれ、雌の羽化を待って交尾しようとする。しかし、花がいくら上手に化けても本物の雌のハチにはかなわないので、雄バチがでて雌がでる前の一瞬のすきをついて咲くことで、受粉しているのだという。オーストラリア大陸にも、雌のハチに化けたハンマーオーキッドというランがある。

この花を見せられて、ランの仲間だとわかる人は少ないはずだ。213ページの絵でも示したが、茎の先がT字形に左右にわかれ、一方の端には小さいが花のようなもの、もう一方には脚と羽をもいだミツバチを黒く染めたような雌バチのダミーがついている。これは、雄バチをよぶダミーだ。

だましのテクニック・ミラーオーキッドの場合

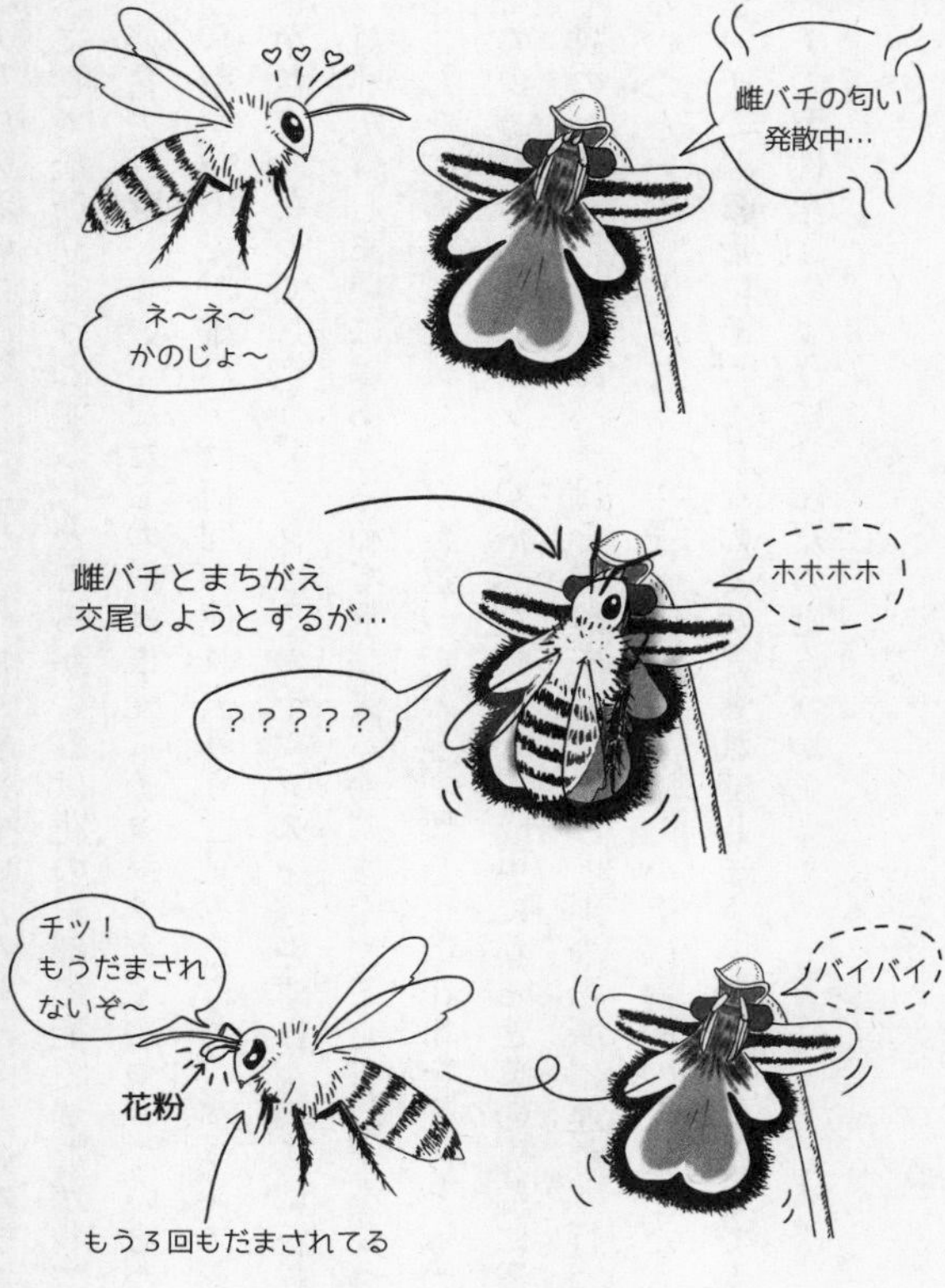

この花に来るのは雄のツチバチで、飛んで来ていきなりダミーのハチをわしづかみにして飛び立とうとする。ところがこれは花の一部で柄でつながっているので、持ち去れはしない。ただこの柄は根元にチョウツガイがついているかのように動きやすいので、雄バチは何回か連れ去ろうと試みるうち、バランスをくずしてさかさまになってしまう。ランはそのチャンスを逃さずに、ハチに花粉をつける。雄バチはしまいにはあきらめて飛び去るが、またダミーのハチを見つけると、同じことをする。また雄バチが裏返ったとき、雌しべは花粉を受けとるのだ。

このツチバチの雌は羽がなく飛べないので、成虫になると草の先端に這い上がって雄のハチを待つ。雄バチはその雌を発見すると別の場所に連れて行って交尾するのだという。ハンマーオーキッドのダミーのハチは唇弁の変化したものだが、ツチバチの雌の形にそっくりなのでだまされてしまうのだ。それにしても、ランはハチの習性をどのように学んだのだろうか。

だましのテクニック・ハンマーオーキッドの場合

雌バチの姿

ハンマーオーキッドの花の一部

雄は花を雌と間違えて
交尾のためにかかえて
飛び立とうとする

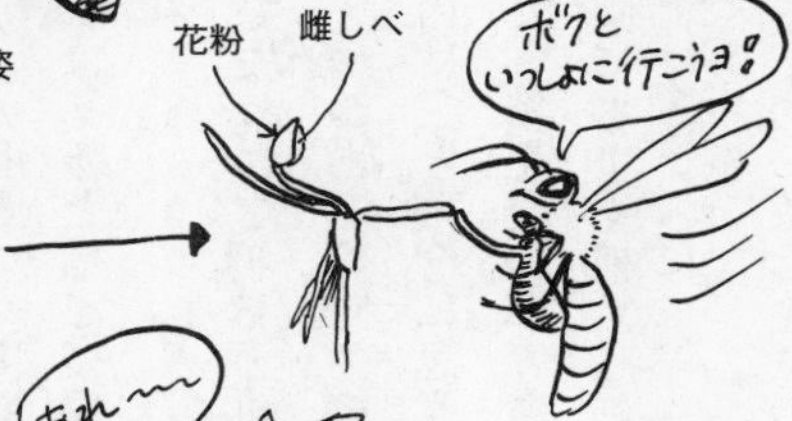

花にはちょうつがいが
ありハチはさかさまに
なってしまう

ハチの背中には
しっかりと花粉が……!

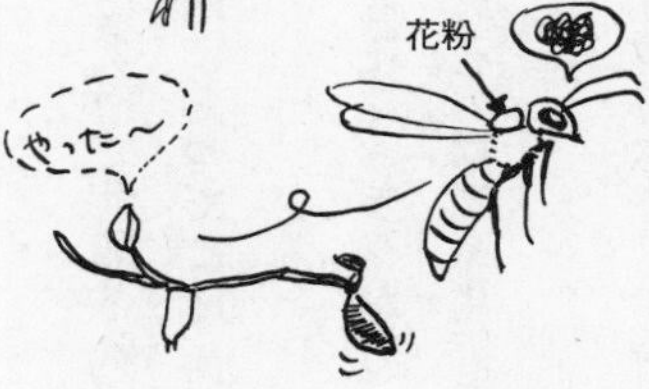

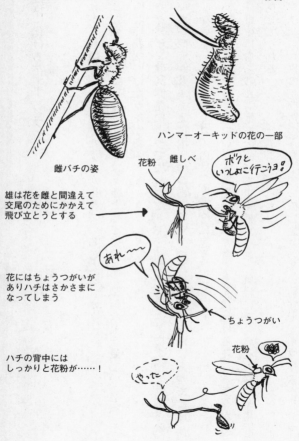

花に化ける花——シラン

日本にも雌のハチに化けたランが生えているのだろうか？まだ発見されていないが、私はあると信じている。図鑑などを見ていると、それらしい花をつけたランがある。

ただ、ランは乱開発によって失われたり、無知なランマニアによって乱獲されていて、研究が及ぶまえに消えつつある。野生の花は自然のなかにあってこそ、興味深い生態を教えてくれるのに、と残念に思う。

ハチの雌には化けていないが、蜜をたっぷり含んだ花に化ける花、シランがある。野生はもちろん、庭や公園にもよく植えられ、気軽にランの花の構造や生態を見せてくれる。

シランの六枚の花びらのうち下の一枚は飾りの多い唇弁で、オフリスやハンマーオーキッドが似せる雌バチと同じものだ。唇弁のすぐ上に雄しべと雌しべが一体となった「ずい柱《ちゆう》」とよばれる器官がある。そのずい柱の先端に花粉があり、そのすぐ奥がちょっとへこみ花粉を受ける場所になっている。

この花にどのような昆虫が何回来たかを調査した研究がある。当時、神戸大学に在籍していた杉浦直人《すぎうらなおと》先生の研究だ。畳一枚半ほどのシランの集団のまえで、九時間半ほど観察したところ、二十六種もの昆虫が訪れたという。訪れた昆虫の数でいうと、四分の三がハチの仲間で、その半分がニッポンヒゲナガハナバチだったという。

この花はどのように受粉するのだろうか。ヒゲナガハナバチを想定してそのようすをモニターしてみよう。

ハチはきれいな花を発見して近づき唇弁に止まる。唇弁の白い模様に誘導されて口をのばしながら花の奥に進む。だが、この花には蜜がないので、ハチはすぐに花からでてくることになる。

そのとき、ハチの背はずい柱の先に触れる。そこには瞬間接着剤が隠されていて、退出するハチの背につくのである。その接着剤が乾く間もなく、背はすぐ上にある花粉に触れるので、花粉の塊がミツバチの背に粘着するのだ。読んでいると長くかかりそうだが、ほんの数秒間に起きることだ。

こうして花粉をつけられたハチが次の花に行ったとき、雌しべの粘液にその花粉の塊が触れるとその一部が粘り着いて残る。花としては、これで咲いた目的を果たしたことになる。

ハチは何も得られないうえに、背中についた花粉塊や瞬間接着剤は不快なものらしく、花からでるとすぐに脚でかき取ってしまうという。ハチはいくつかの花でそのような目にあえば、花の形をした偽の花だと評価して、訪れなくなる。花はうまくだましたようで、それほど効率はよくないようだ。

花から餌を採取できるか否かを評価する昆虫の能力は、かなり高い。玉川大学で行われたミツバチを使った実験では、触角に匂い物質を吹きつけて直後に口に砂糖水を与えたところ、記憶力の弱いハチでも三回目には覚え、四回目からは匂いだけで口をのばした、という研究がある。

シランの花の受粉作戦

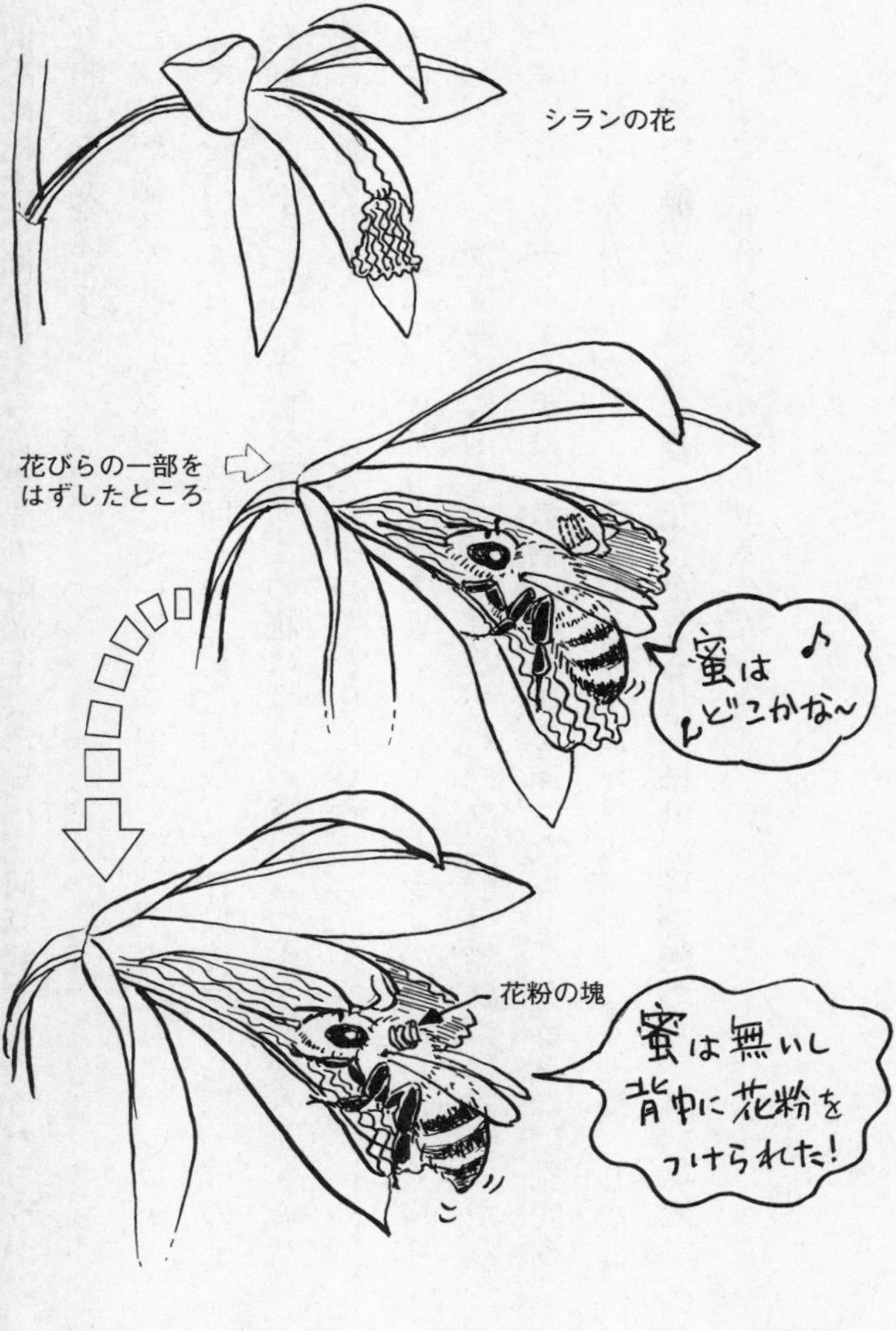
シランの花
花びらの一部をはずしたところ
蜜は♪どこかな～
花粉の塊
蜜は無いし背中に花粉をつけられた!

人間も砂糖水を飲みながら英単語の暗記をしたら、三回で覚えられるだろうか。そんな自問をしてしまう。

また、私がツユクサの花を観察していたときのことだ。その花にモンシロチョウが来て口をのばした。それを三回くりかえしたら、それ以後は同じ原っぱの上を飛び回っていたにもかかわらず、この花にはいっさい近づかなかった。ツユクサの花には蜜がないことを覚えてしまったからだろう。

このように、昆虫たちはかなり記憶力がいいので、シランの花からは何も得られないし、ベタベタする接着剤をつけられる、という経験は無駄にはしないだろう。たぶんヒゲナガハナバチは、数個の花で餌を探ったあと、シランには見向きもしなくなるはずだ。しかし、シランの花の季節は昆虫の多くなる初夏、しかも花の咲いている期間も長いため、花にだまされる昆虫は後を絶たず、餌を与えずにうまうまと受粉作業をはかどらせるのだ。

クマガイソウの母衣《ほろ》の謎

源平の合戦の勇者熊谷直実《くまがいなおざね》は、弓矢から身を守るために、背に母衣《ほろ》をつけて活躍した。その母衣に似た袋がついているのでクマガイソウとよばれるが、クマガイソウの母衣はどんな活躍をするのだろうか。

母衣はまるく、前方にはすり鉢形の穴があり、穴の周囲には紫色の模様があって、いかにも何かごちそうがありそうな感じだ。しかしこれが罠で、頭のいいマルハナバチがひっかかってしまう。

マルハナバチはごちそうの予感にかられて、すり鉢形の穴をおし広げ袋のなかにもぐりこむ。しかし何もない。それを知って脱出しようとするが、入ってきた穴は縮まり、もう後もどりはできない。ただ一つ進めるのが、花の上のほうに向かう道で、その壁には足掛かりになる毛が生えている。先には明るい出口が見え、狭い通路を力ずくでおし開けて、やっと脱出することができる。そのときマルハナバチの背は雄しべに触れるので、背に白い花粉がついてしまう。こうしてほかの花に花粉を運ぶことになり、次に別の花にもぐりこめば、今度は雌しべに花粉をつけることになる。二〇〇〇年の初夏、パソコン通信の仲間が野生のクマガイソウを見る会を企画してくれた。まあまあの天候で、群落の中で花の写真を撮っていたとき、一匹の小さいハチが母衣の中にはいった。あわててカメラをもちかえ、ハチがでてくるのを待った。できあがった写真はピンぼけで、ハチには花粉もついていなかったが、私にとっては貴重な一枚となった。

そのあと一人でおなじ場所をたずねた。花はすっかり散ってしまい葉のみになっていた。観察会のとき四百個ほど咲いていたので、いくつの花に実がついたかを数えたらたった七個、率にするとわずか一・八パーセントだった。

マルハナバチもたぶん三回も試みると何もない花だと知ってあとは訪れなくなるだろう。根で殖えていく多年草なので、そのようにまれな結実でも生命が受けつがれてきたのだろうか。あるいは、昔はもっと多くのマルハナバチがいたのか

クマガイソウの花と、マルハナバチ

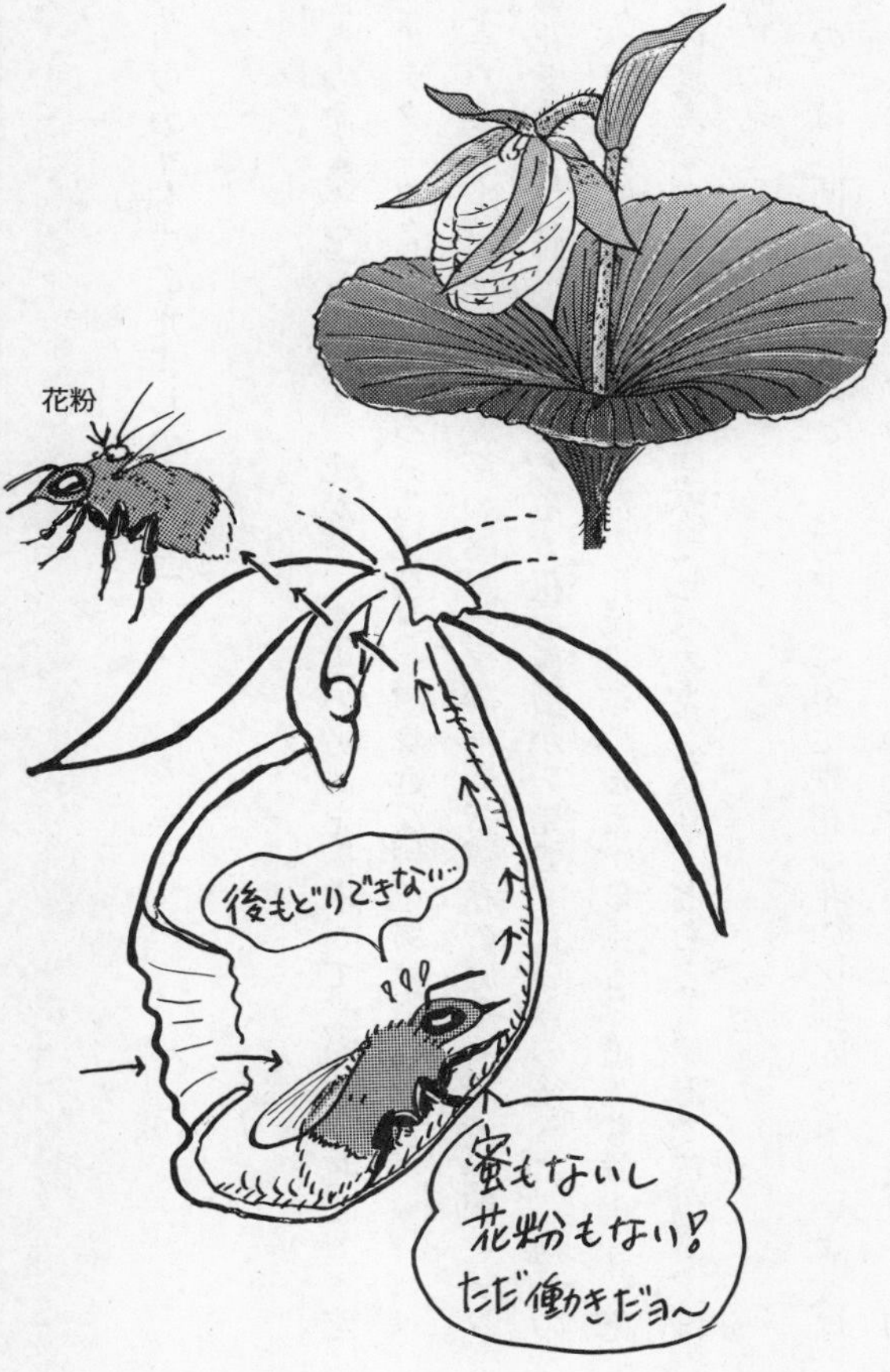
花粉
後もどりできない…
蜜もないし
花粉もない!
ただ働きだョ〜

もしれない。

シュウカイドウのだましのテクニック

昆虫の命を奪って受粉する花から、昆虫の労働を搾取して受粉する花まで、だましのテクニックはいろいろある。ひとつ、身近な例をあげよう。

シュウカイドウは、中国原産のベゴニアの仲間で、秋の庭や人里近い沢をピンクの花で飾るきれいな植物である。花を真横から見て、花びらの後ろに三角形の雌しべがあれば雌花、細い柄だけの花は雄花。まえから見ると雄花も雌花も、花びらの真んなかに雄しべの集団か雌しべの先があり、どちらも球形で黄色く、ほぼ同じに見える。

この、ほぼ同じということが大切で、昆虫に雄花雌花の区別ができないようにしようというのが、シュウカイドウの策略なのだ。というのも、この花は少し匂いをだしてはいるが、蜜はなく昆虫の餌になるのは花粉だけ。花粉だけが餌ということは、雌花には何も餌がないことになる。ピンクの花びらの真んなかにある黄色い球形のものを餌のある場として記憶した昆虫が、雄花と同じだと思ってだまされて、雌花に止まると、体につけてきた花粉が雌しべにつく仕組みなのだ。

よく見ると、雄しべもだましのテクニックを使っている。ユリやホウノキの花の雄しべは縦にさけて裏返しになり、表面は花粉まみれになっている。しかし、シュウカイドウの雄しべは音符のような形で、ふくらんだ部分の左右に小さな穴が一個ずつあるだけ。そこから花粉がでるが、それは、ほんの少しで、まっ黄色で大きな雄しべの群れも、誇大宣伝といえそうだ。

シュウカイドウの策略のストーリーはうまくできた。そこで昆虫たちがだまされて雌花に止まるようすを見ようと、何回も観察したが、まだ一度も見ていない。どうも頭で考えたことと違ったようだ。しかし秋も深まると、たくさんの雌しべが実になっているので、もう少し時間をかけて観察したいと思いながらも、未解決になっている。

花壇ベゴニアも同じ仕組みの花をつける。いちどだまされる昆虫がくるのか、観察してみるのもおもしろい。

シュウカイドウの花と雄しべ

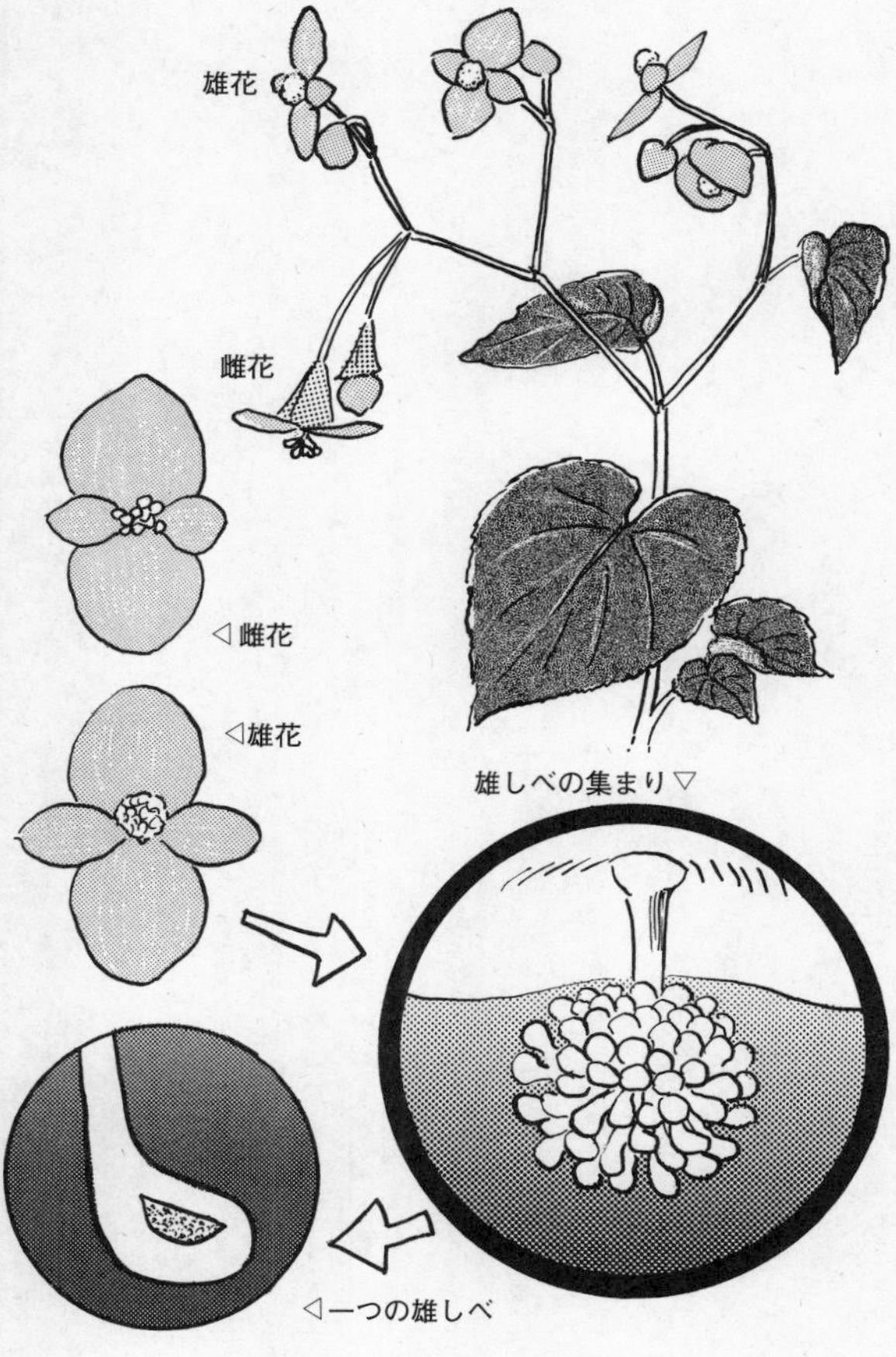

第八章

色香に迷う？

モンシロチョウの好きな色

「ラジオ放送でモンシロチョウは何色の花が好きかという話題を取り上げるのですが、モンシロチョウは何色の花が好きですか」

そんな電話が、当時多摩動物公園園長だった矢島稔《やじまみのる》先生からかかってきた。そのおたずねにすぐ答えられなかったので、「調べておきます」と言って受話器をおいた。これが花の色の生態的意義について考えるきっかけとなった。

ところで、モンシロチョウが何色の花を好むかが書いてある本や論文があるだろうか。もしあれば昆虫学者の矢島先生はとっくに読んでおられるはずである。電話を受けた夜、富山県の中学校長だった田中忠次《たなかちゅうじ》先生が書かれた、チョウが訪れた花のリストを取りだした。このリストには、それまでに本や雑誌に報告されている、チョウが訪れた花の名が、チョウの種類ごとに分けて書かれている。

モンシロチョウが訪れた花と野生の花の色の比

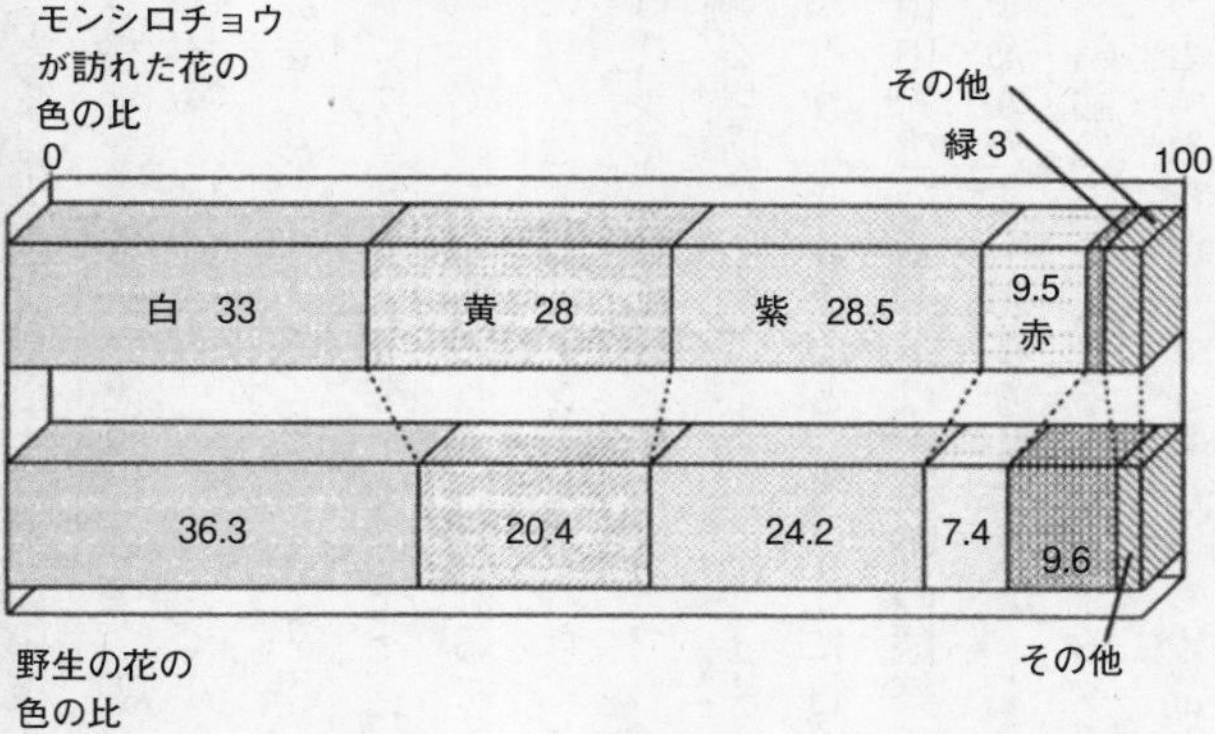

モンシロチョウのページを開くと、見出しの後には三ページにわたって二百七十八種類もの植物の名が並んでいた。私はそのなかから野生の植物だけを取りだして、それを色別に数えてみた。

結果は上図の棒グラフのようになった。グラフを見ると、野山で多い白色と黄色、それに紫色の花がほぼ同数あり、赤と緑は少ないことがわかった。野生植物で赤や緑の花をつける植物は少数派なので、観察例が少ないのは当然だと考えられる。それを考慮に入れると、モンシロチョウが訪れた花の色にはとくに大きなかたよりがないように見えた。そこで「モンシロチョウは色の好き嫌いをしない」と結論して、翌日の夜、ラジオ放送中にかかってきた電話でそうお答えした。

放送の後、「モンシロチョウが色の好き嫌いをしないというのは、本当だろうか」。こんな疑問が頭をよぎるようになった。タンポポの花がたくさん咲いている場所で観察していれば、訪れるモンシロチョウのほとんどはタンポポの黄色い花に行くはずで、タンポポのわきにこっそり咲いている青いオオイヌノフグリの花はめったに訪れないだろう。でも、満天の星のようにオオイヌノフグリが咲いている場所に座っていれば、ハチやハナアブにまじって、モンシロチョウも訪れるだろう。そうなると、青い花に行く率が高く計算されることになる。

田中先生のリストは、大勢の観察者からの報告を集約したものなので、観察者によるかたよりは少ないはずだ。しかし、野生植物の花の色にかたよりがあったら、結論は違ってくるはず。なるべく客観的にモンシロチョウが好む花の色を知ろうとすれば、モンシロチョウが訪れた花の色の比と、日本の野生植物の花の色の比を比較する必要がある、と考えた。

まずは、何色の花がどのくらいの比率で存在するかが書かれている本を探した。三つのデータがあったが、それらには栽培植物も含まれているようだった。栽培植物が含まれると、当時流行した園芸植物の色も入ってしまう。したがって、そのままでは当初の目的が達せられない。自分の考えに合った数をだすには、自分で調べるしかない。それが結論だった。

そこで『学生版牧野日本植物図鑑』（北隆館）から野生植物だけを拾いだして、色別に種数を数えることにした。牧野図鑑の長所は図鑑がカラーでないことだ。もしカラー図鑑だと、花の色は写真を見て自分で判断しなければならない。その場合、どちらとも判定しがたい色に出合ったとき、主観が入ってくる。牧野図鑑では花の色は文字で書かれているので、文字をたよりに統計をとればよく、迷わずにすむのだ。

虫媒花型の花は千三百五十九種あり、それらの花の色の比は229ページの下のグラフのようになった。日本に野生する虫媒花型の花の色の比率がわかったところで、花の色の比とモンシロチョウが訪れた花の色の比とを比べてみた。すると、モンシロチョウの好き嫌いが見えてきた。もし、花なら何色でもかまわず訪れるとしたら、二本のグラフが同じになるはずである。しかし、モンシロチョウが訪れた緑色の花の比をみると、虫媒花型の花の色の比よりかなり小さい。モンシロチョウは緑色の花は好きでないことを示していると考えられる。白色も好きとは言えないようだ。一方、赤色と黄色ではモンシロチョウが訪れた花の比のほうが明らかに大きく、好んで訪れたと言えそうだ。「モンシロチョウは色の好き嫌いをしない」のではなく、花の色の好みがあったのだ。

花の色と昆虫

その後、『インセクタリウム』という東京動物園協会の雑誌の編集者から、昆

いろいろな昆虫のレーダーチャート（田中 1991 より）

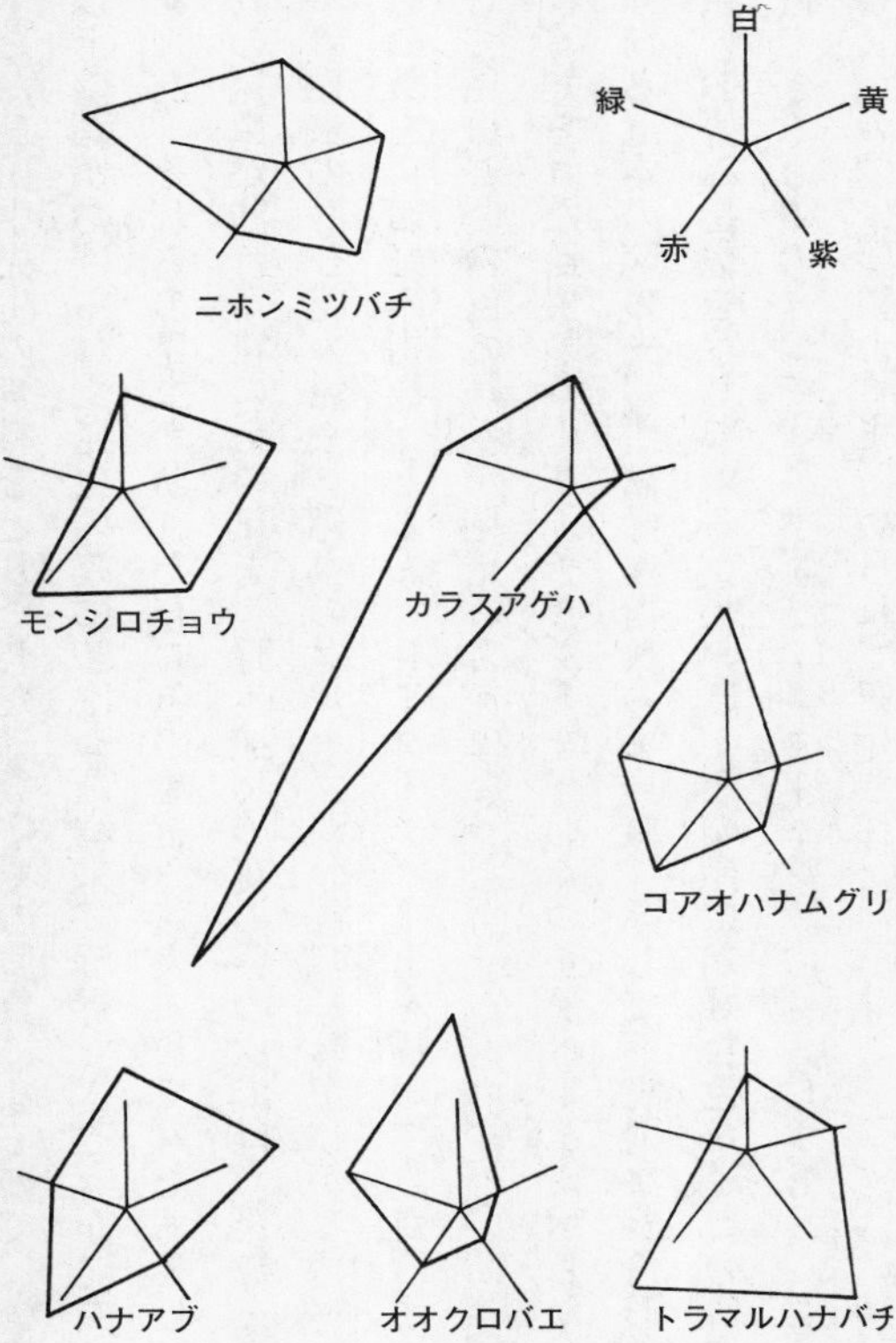

出所）　田中（1991）より

虫と花の色との関係について書いてほしい、との依頼があった。

ふたたび田中先生の資料をとりだした。数字での勝負になるので、資料に十五種以上の花があげられた昆虫のみにしぼった結果、解析できそうな昆虫は六十一種あった。それらの昆虫が訪れた花の色の比を一覧表にしてみた。そして、それぞれの昆虫が訪れた花の色の比を、野生植物の花の色の比で割った数をみると、個々の昆虫の好む花の色や、昆虫のグループ別の色の好みがわかる。

その数を「お好み指数」とよんでレーダーチャートを描いてみた。すると、一見して昆虫ごとの色の好みが見えるようになった。

よく知られた昆虫のレーダーチャートを、いくつか前ページに示した。放射状に伸びる五本の腕の先端がお好み指数の平均値。そして不規則な五角形の角が、昆虫のお好み指数を示している。長いほどその昆虫が好む色だ。この研究は私が自慢できるものの一つで、科学雑誌『ニュートン』の「SCIENCE SENSOR」の欄に要領よくまとめられ、紹介された。

白い花の三つのタイプ

お好み指数のレーダーチャートを見ていると、花の色と訪れる昆虫とのあいだのゆるい結びつきが浮きあがってくる。その関係を、白い花から探っていこう。

白い花はその形や性質から、上向きに咲く花、下向きに咲く花、そして夜咲く花の三タイプにわけられ、それぞれ訪れる昆虫の種類や習性が異なっている。

一．上向きに咲く花……ノイバラやホウノキなどがこのグループに入る。それにヤツデやセリのように、小さな花が集団になっている花も白色が多いようだ。いずれも餌となる蜜や花粉は露出していて、コアオハナムグリなどの甲虫、ハナアブ類、スズメバチ類、それに小さなハナバチ類が来る。訪れる昆虫に共通するのは、口が短い点である。

このようにみると、花の白色は「蜜や花粉がすぐに食べられるぞ」というメッセージになっているようだ。なかでも甲虫は飛ぶのも着地も上手とはいえず、花が上を向いて大きくないと、うまく利用できない。甲虫類のレーダーチャートを見ると、ほとんどの甲虫が白い花をよく訪れることを物語っていて、白の角が長く伸びている。

二．下向きに咲く花……スズランやドウダンツツジなどのように垂れ下がって下向きに咲く白い花がある。これは止まるのが上手なハナバチのための花だ。飛んで来てそのまま下向きの花に止まる高度な技が使えるのは、ハナバチ類だけだからだ。これらの花は、花から花へと素早く移動できる性質を持つハナバチ類だけに蜜や花粉を提供しようとしている。そのために、ほかの昆虫が来ないよう止まりにくい下向きになっているとも言える。ただ止まりにくいだけではハナバチが花を訪れる効率も悪くなるので、花びらの先は必ずちょっと反り返って、ハチたちに足場を提供している。

こうして花を下向きにすると、葉陰に咲くことが多くなるので、弱い光でも目立つように白いものが多いのだろう。さらに白い花は、昆虫には見ることができ

白い花を好む虫たち

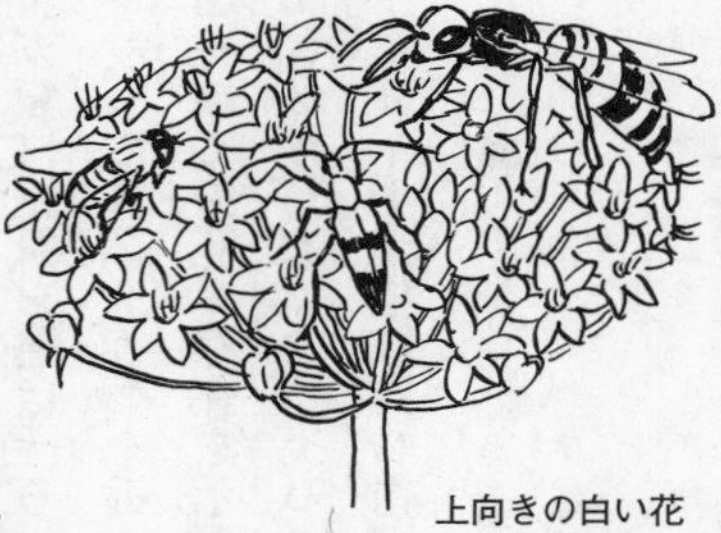

上向きの白い花
ニラと甲虫・ハエ・
スズメバチ

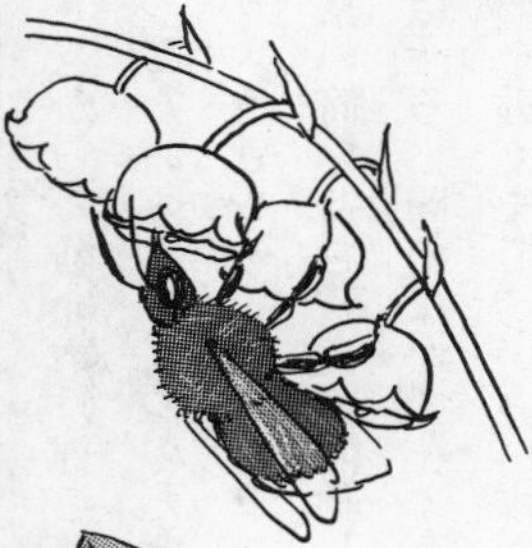

下向きの白い花
スズランとマルハナバチ

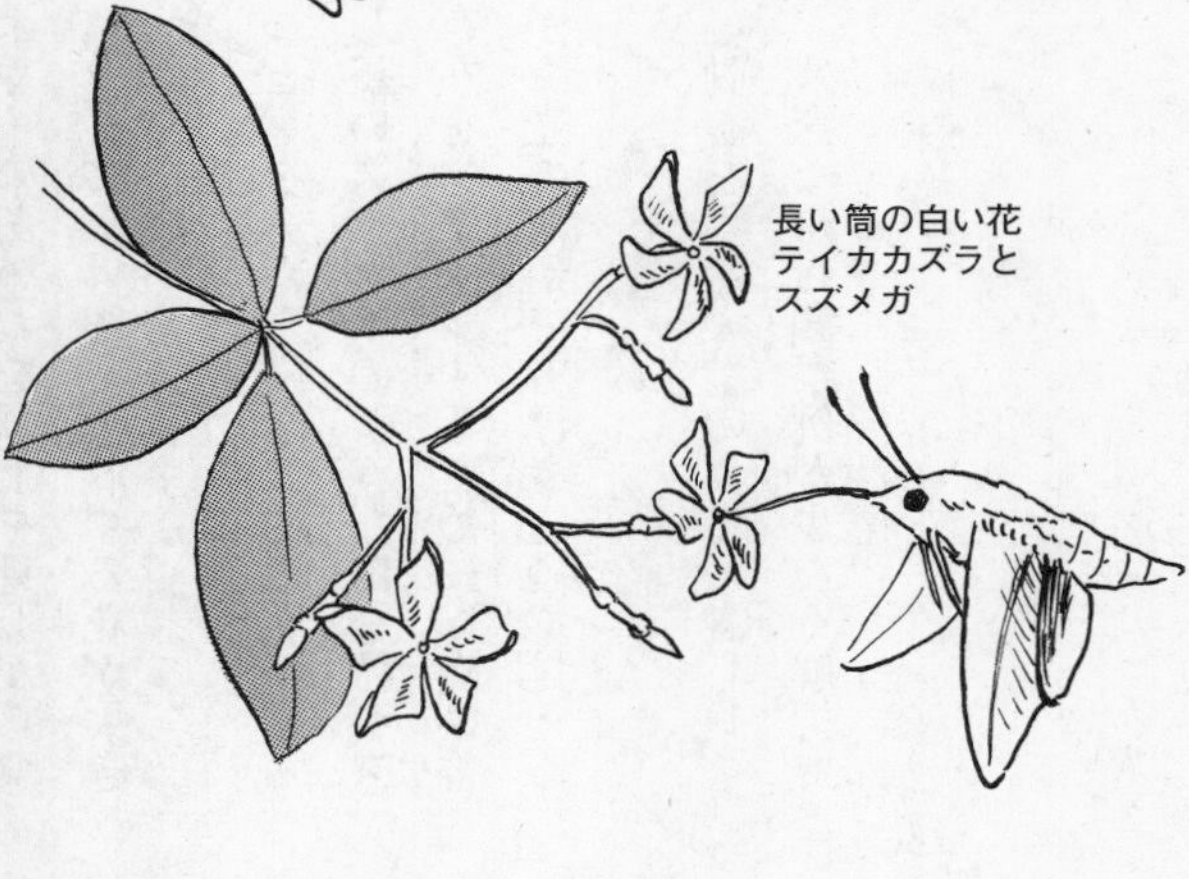

長い筒の白い花
テイカカズラと
スズメガ

る紫外線を吸収する性質を持っているので、木や草のあいだを、上を見ながら飛ぶハナバチにとって、空からの強い紫外線をバックに紫外線を吸収する花が大きなコントラストとなってたいへん目立つのだと考えられる。

三．夜咲く花……カラスウリやテイカカズラなど、夕方から咲き始める花がある。いずれも蜜を蓄えた長い筒を持ち、夜間活動し長いストローのような口を持つスズメガ類に花粉を運ばせる。闇のなかで花の存在をアピールするために、良い香りを放ってスズメガ類を近くまで誘い、わずかな光のなかでも浮き立って見える白い花びらで花の存在を示している。

スズメガ類はマルハナバチに劣らない素早い動きをする大型のガで、もしレーダーチャートが描けたら白が優先したろうが、残念ながら観察例が少なく解析できなかった。

蜜を少し隠す黄色い花

モンシロチョウは黄色い花が好き。だが、それ以上にモンキチョウとツマグロキチョウ、ベニシジミは黄色い花が好きなようだ。ベニシジミがタンポポに止まっている写真をよく目にする。これは色の取り合わせが美しいだけでなく、シャッターチャンスも多いからだろう。

ハチのなかで顕著な好みを見せているのは、チビキバナヒメハナバチ（ちび黄花姫花蜂）という小さく黒いハチで、その名のように黄色い花が大好きで、チャートは黄色のところで突出している。そのほかヒラアシヒメハナバチ、アカガネコハナバチ、コガタノシロスジコハナバチ、ダイミョウキマダラハナバチなどかなり多くのハナバチが黄色い花が好きである。

そして、生まれつき黄色が好きだということが実験的に証明されているハナアブのレーダーチャートも、やはり黄色のところがのびている。

黄色い花のリストを見ていると、上向きに咲き、蜜がわずかに隠されている、という共通点が見えてくる。そして黄色い花を好む昆虫に共通するのは、比較的小型で口が短めなことと、花にもぐる習性がないか、あるいは弱いという二点である。ただ右にあげたチョウの口は短いとは言いがたいが、アゲハチョウ類に比べれば……とでもただし書きをさせていただくことにする。

ハナバチの好きな花は紫色

紫色の花の多くは、リンドウやホタルブクロのように太い筒形であったり、スミレやフジのように複雑な形をしている。

このような花から蜜を吸うには、ちょっとした力と知恵が必要で、それができるのはハナバチ類である。ハナバチ類は、土のなかに穴をほったり、六角形の巣

黄色い花を好む虫たち（田中 1991 より）

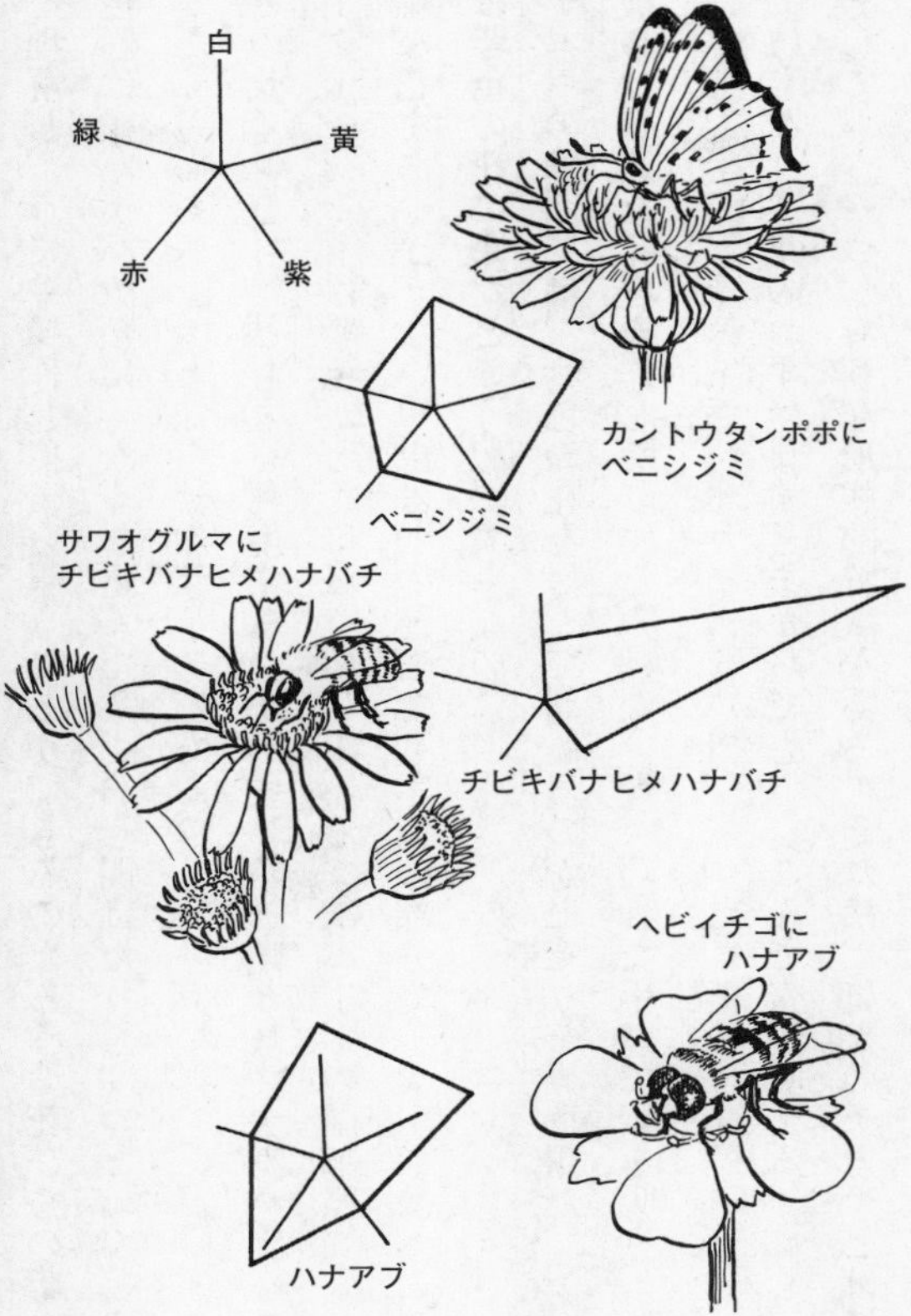

を作ったりと、立体をあつかう才能にめぐまれている。だから、複雑な花の仕組みを理解し、うまく操作して蜜を吸うことができるのだろう。花びらの紫や赤紫の色彩は、ハナバチ類に「もぐり込んだり、おし開けたりちょっとめんどうだが、蜜がたくさんあるよ」と知らせるサインである。

そのサインをもっともよく利用するのがハキリバチ類とヒゲナガハナバチ類で、レーダーチャートは紫色がとくに長く伸びている（次ページの図参照）。そして、複雑な花をあつかえない甲虫はどの種類でも紫色の部分でチャートはへこみ、半数は紫色の花に来たという記録すらない。

チョウの仲間では、紫色の花を好んで訪れるのがセセリチョウ類だ。

彼らは複雑な花を操作したりする力はないが、巧妙な手口で蜜を吸う。むろん第一の武器は長く細い口で、長さが十二〜十八ミリと、胴体の長さの八十パーセントにもなり、花のわずかなすきまからでもさしこんで蜜が吸える。

そしてもう一つ、有利な形態的特徴がある。それは、ほかのチョウとは違う羽のたたみ方にある。セセリチョウ類の羽は、たたんだとき後退した三角形になる。

ムラサキサギゴケを訪れたヒゲナガハナバチの雄

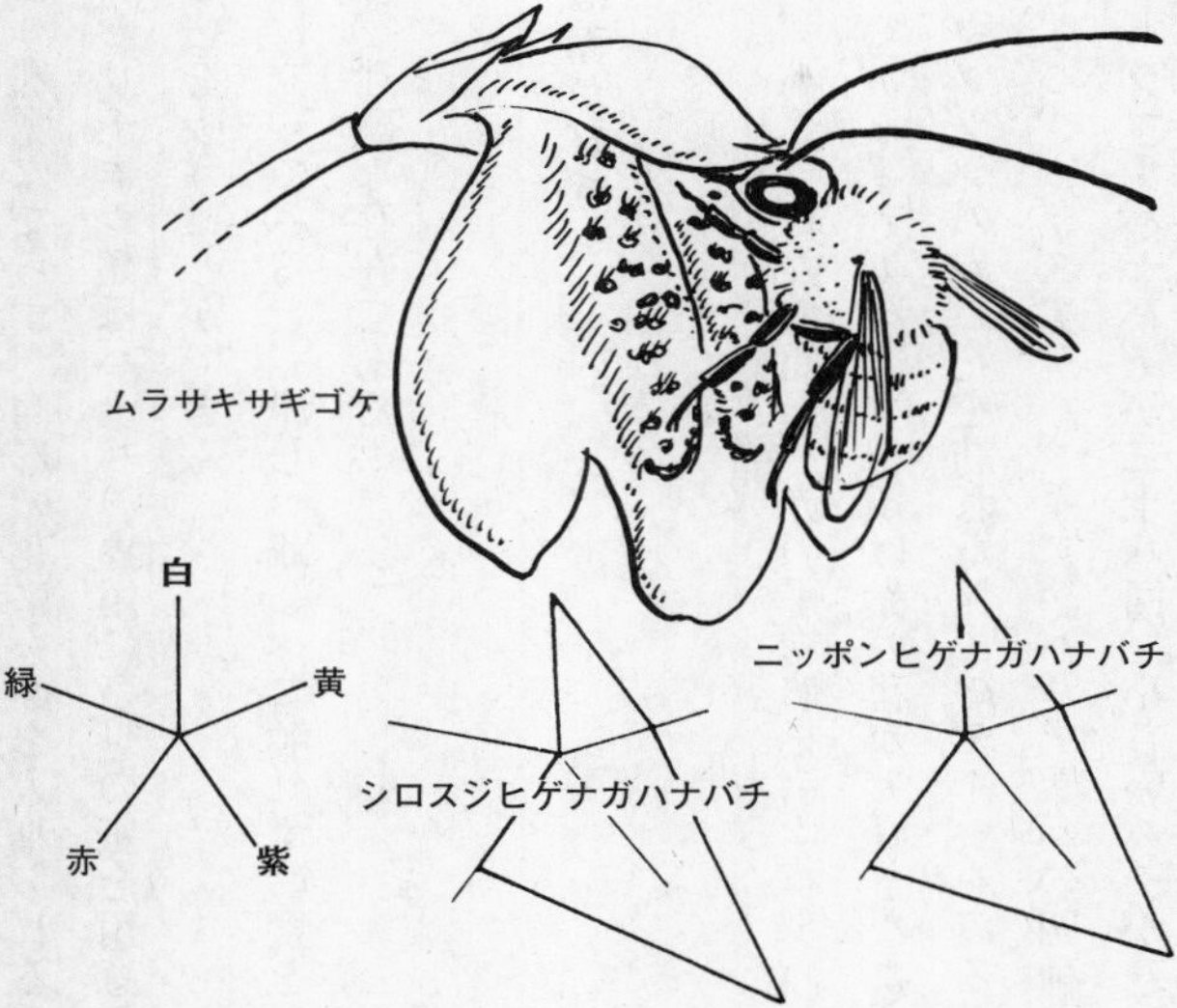

そのため羽があまり邪魔にならず、筒形の花にも頭を入れられるのだ。そんな裏技を持つので、セセリチョウ類はハナバチ専用に多量の蜜を用意した紫色の花に来て、ゆうゆうと蜜を吸うことができる。

ただ、花の立場に立ってみると、雄しべ雌しべに触れずに蜜を吸われてしまうセセリチョウ類は、迷惑な存在である。

アゲハチョウは赤が好き

特徴的なのはアゲハチョウの仲間だ。赤の平均値を示すバーの何倍も先まで、五角形の角が伸びている。アゲハチョウ類は赤い花が大好きなようだ。

私が調査したヤマツツジの赤い花を訪れた昆虫のデータをみると、七十個あまりの花に、クロアゲハ、カラスアゲハ、キアゲハ、アゲハの四種が、のべ四十三回来た。そのほかトラマルハナバチが二十八回、小さいハチが三回、アブが二回となった。このときはヤマツツジの赤い花にアゲハチョウの仲間が多く訪れた。ヤマツツジの花の形態はアゲハチョウ類に授粉されるのに適しているとした根拠は、この観察に基づいている。しかしその後、何回か調査したが、そのときはマルハナバチが多いという結果がでた。これにつじつまの合う説明をするには、もっと深い観察が必要なのだろう。

緑色の花は窒素分に富むのか

ウドやヤブガラシなどが緑色の花をつけるが、緑色の花の多くは小さくて、いくつもが集合して球形の穂や上部が平らな穂を作る。蜜は露出していて、ヤツデやセリなど白く上向きの花の特徴に共通する形態を持っている。花の形は似ているが、白い花とは訪れる昆虫が微妙に違い、主に訪れるのは口の短いスズメバチ、アシナガバチ、それにニホンミツバチだ。そして意外なことに、わずかしかない蜜を求めてアゲハチョウ類もやって来るので、その好みはアゲハチョウ類のレーダーチャートにはっきりと現れている。推測の域をでないが、緑色の花がアゲハチョウ類やスズメバチ類に好まれるのは、蜜の組成に秘密があるに違いないと考えている。

スズメバチやアシナガバチは昆虫などを襲って食いちぎり、肉団子にして巣に持ち帰って幼虫に与える。そんな丈夫なアゴを持っていながら、成虫は固形物は食べず、食料は幼虫が吐きもどす透明な液体と花の蜜だけだという。幼虫が吐きもどす液はタンパク質に富んでいてハチたちの活動源になっているのだといわれる。めざとい、日本のある業者は、その組成をまねたドリンクを作り、健康飲料として売り出しているほどだ。

ところで、山道などで小便をするとチョウが集まってくるが、それは小便のなかの窒素分とミネラルを摂取しようとするのだと聞いた。

緑色の花は雄しべ雌しべが短いことから、本来は口の短いスズメバチやアシナガバチに花粉を運ばせようとしているに違いない。そのために、緑色の花は窒素

緑色のヤブガラシの花を好む虫たち

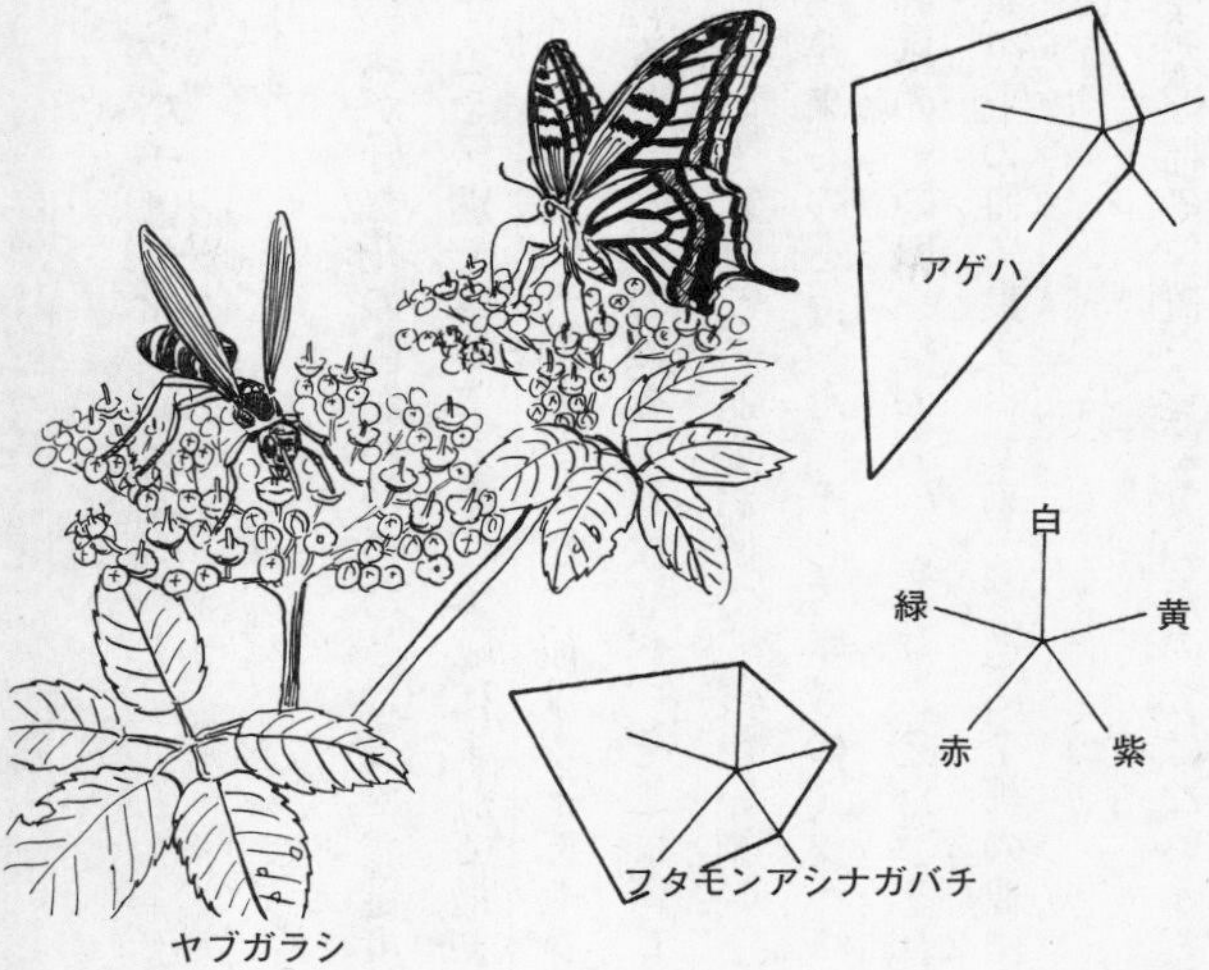

分と糖分を蜜に溶けこませているものと考えられる。だが、その窒素分と糖分はアゲハチョウ類にも魅力的な餌となり、招かざる客として来てしまっている、というストーリーができる。しかし、そのような目で花の蜜を分析したデータはまだないので、これはあくまでも推測である。

ミツバチは色がわかるか

昆虫が好む花の色がわかったところで、昆虫に色覚がなければ意味がない。昆虫が色を区別できることを、実験によって最初に証明したのは、オーストリアのフリッシュという学者だった。彼は、十五センチ四方の白から黒までのさまざまな明るさの灰色の紙を十五枚並べ、そこに同じ大きさの黄色の紙一枚をまぜておき、その上にガラス皿をおいて、黄色い紙の上の皿にだけに砂糖水を入れてミツバチが来るのを待った。そして多数のミツバチが皿に通うようになったとき、黄色い紙の上の皿を空のものにとりかえた。それでもミツバチのほとんどは、黄色い紙の上の皿に集まって来た。逆に全部の皿に蜜を入れても、結果は同じだったという。

また、皿の位置を覚えていたのではないか、という疑問をなくすため、皿の下

フリッシュの実験とヒトの目、ハチの目

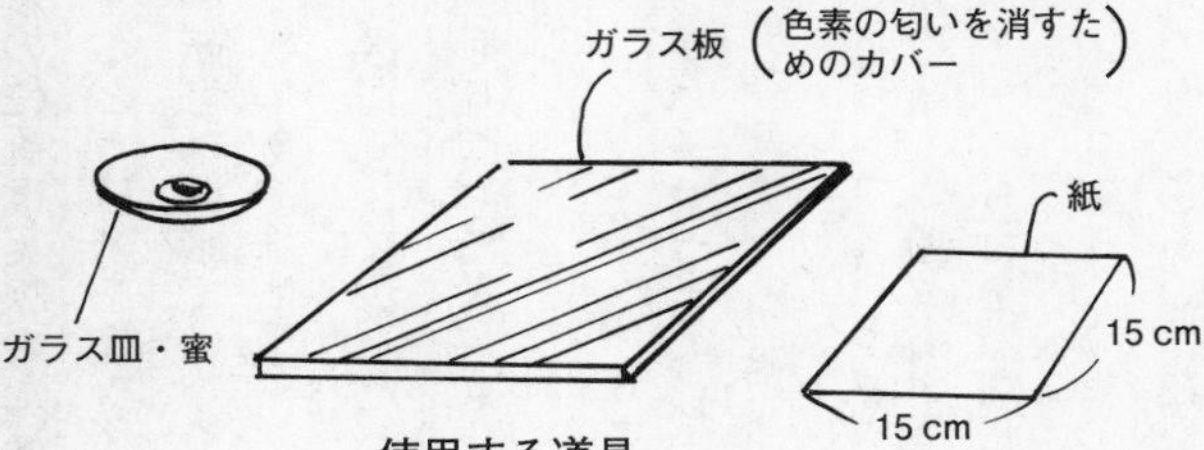

使用する道具

15 cm × 15 cm の紙を 16 枚使用する。紙の色は黄色 1 枚とあとの 15 枚は白から黒までのさまざまな明るさの灰色にする。ガラス板でカバーをしたあと、それぞれの紙の上にガラス皿をおく。

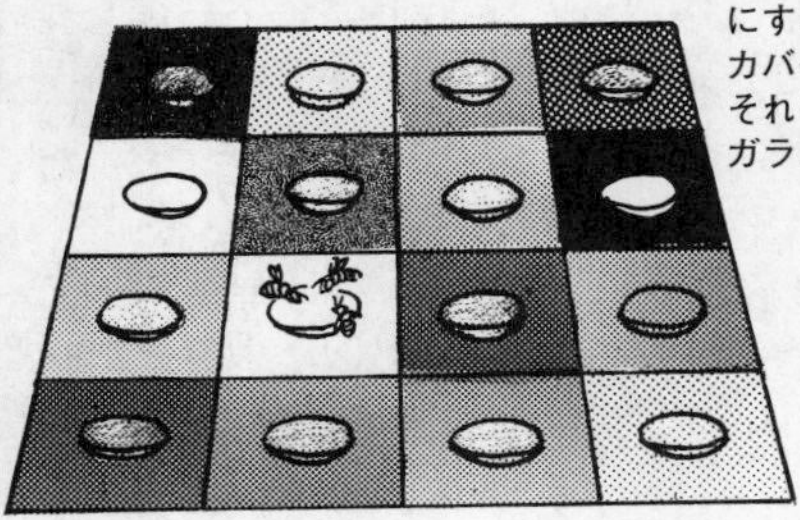

ヒトとハチ・色の見える範囲のちがい

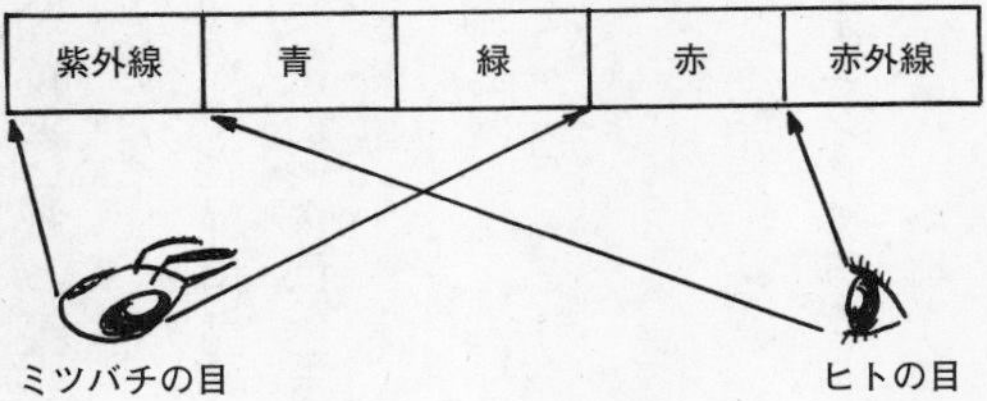

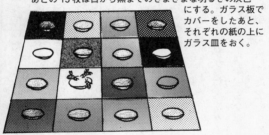

の紙の位置は実験のたびに変えた。黄色い紙の色素の匂いを記憶しないよう、実験するときは紙をガラス板で覆っていた。こうしてミツバチは、黄色い紙と、灰色の紙とは明暗ではなく色として区別していることが証明できたのだ。

この実験は、青色や橙色《だいだい》、それに紫色で成功した。しかし、赤や青緑では灰色と区別できなかったという。だがミツバチは少なくとも黄色、橙色、青色、紫色は明暗ではなく、色として区別していることが証明された。

アゲハチョウをトレーニングする

横浜市立大学の蟻川謙太郎《ありかわけんたろう》先生の研究室では、アゲハをトレーニングすることで、アゲハも色を識別していることを明らかにした。

これまでにも、チョウが人工的な色をつけた花を訪れたり、光の波長によって逃げたり、あるいは口を伸ばしたりすることが実験的に確認されていたが、意外

アゲハの色彩識別トレーニング

羽化して2〜3日目のアゲハに蜜がある色を学習させる

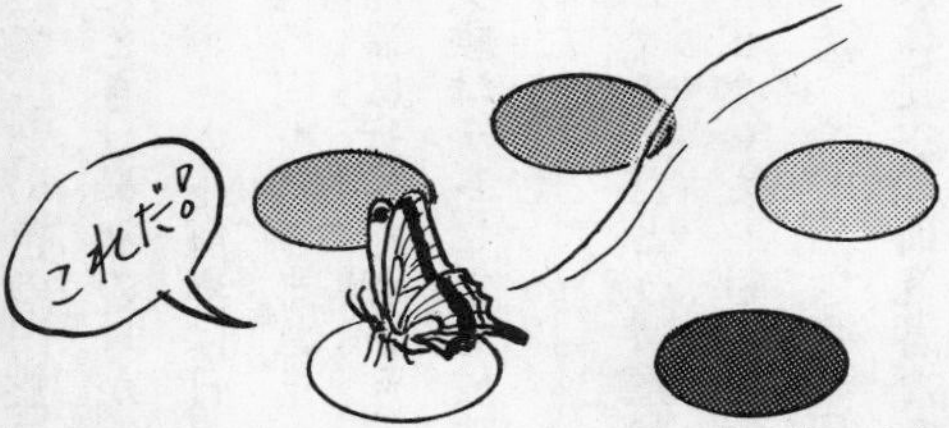

いろいろな色紙をならべたところ学習した色を高い確率で選んだ

にも色にかかわりのない明るさで識別しているのか、色で識別しているのかは確認されていなかったという。

そこで研究室では、網でかこった小さなテーブルの真んなかに円形の色紙をおいて、その上に蜜をたらしておき、羽化して二日目のアゲハを放って吸わせた。このように色紙と蜜との関係を学習させたあと、学習した色とその他の色の円盤とを並べて、どの色の円盤に来るかを毎日テストした。

するとと、赤や黄で学習したときは最初の日から、緑と青では五日目から、学習した色の紙に行くようになり、その正解率は日を追うごとに高くなった。さらに、それらのアゲハに学習した色の円盤とさまざまな明るさの灰色とを見せたところ、百パーセント学習した色の円盤に行ったという。アゲハも色を色として区別できると証明できたのだ。この実験はテレビでも放映されたが、学習した色の紙の上にすっと止まる様子が印象的だった。

一九九九年に研究室におじゃましたとき、案内していただいたプレハブの実験室の周囲には、ミカンの木や虫食いだらけのキャベツが植えられていた。いずれもチョウを育てるための餌であった。チョウの研究は、まず植物を育てることから始まるのだと知った。一般に昆虫の研究者たちが植物にくわしいのに、植物研究者の多くは昆虫を知らないのは、このような研究のあり方の違いからきているのかと、私には大変なカルチャーショックであった。

花を紫外線で見る

フリッシュの実験の後、ミツバチは、我々ヒトには見えない紫外線も色として識別できることがわかった。そこで、紫外線で花を見る試みがいくつもなされている。

見るといっても、紫外線を当てたところで、ヒトはそのとき発せられる蛍光しか見えない。そこでカメラに紫外線だけを通すフィルターをかけてモノクロ写真を撮るのだ。すると今まで見えなかった模様が現れる花がある。そのような花では、周囲は紫外線を反射して白く、中心部は吸収して黒く写る。この模様は昆虫に餌のある場所を知らせる働きをしているのだ。

私も百数十種類の花の紫外線写真を撮って、ヒトの可視領域では見えないマークがでるかどうかを見た。紫外線はミツバチが知覚できる光の領域の三分の一にあたるが、そこに、紫外線による模様が現れる花が四十パーセントもあった。これはミツバチにとって、紫外線の情報がいかに重要かを示していると考えていいだろう。それらの花の多くがアブラナやタンポポなど、我々には黄色一色に見える花であった。

一九九四年、NHKの放送技術研究所の瀧口吉郎《たきぐちよしろう》技官が、ミツバチの色覚と同じ黄色から紫外線までの範囲の光を偽カラー化して、モニターに表示できるテレビカメラを開発した。このカメラを通してタンポポの花に来たミツバチを観察したことがある。

するとミツバチは、タンポポの花の中心にある、紫外線を吸収している部分だけを歩き回っていた。それは紫外線を吸収する部分に蜜があることを、ミツバチが知っているとしか思えない行動だった。

ミツバチにかぎらず花に来るチョウやハナアブ類、それにトンボやハエなど、研究されたほとんどの昆虫の目は紫外線を知覚する能力を持っている。そのうえ、アゲハチョウやモンシロチョウは、紫外線から赤までの範囲の光を色として区別

タンポポ、アブラナとミツバチ

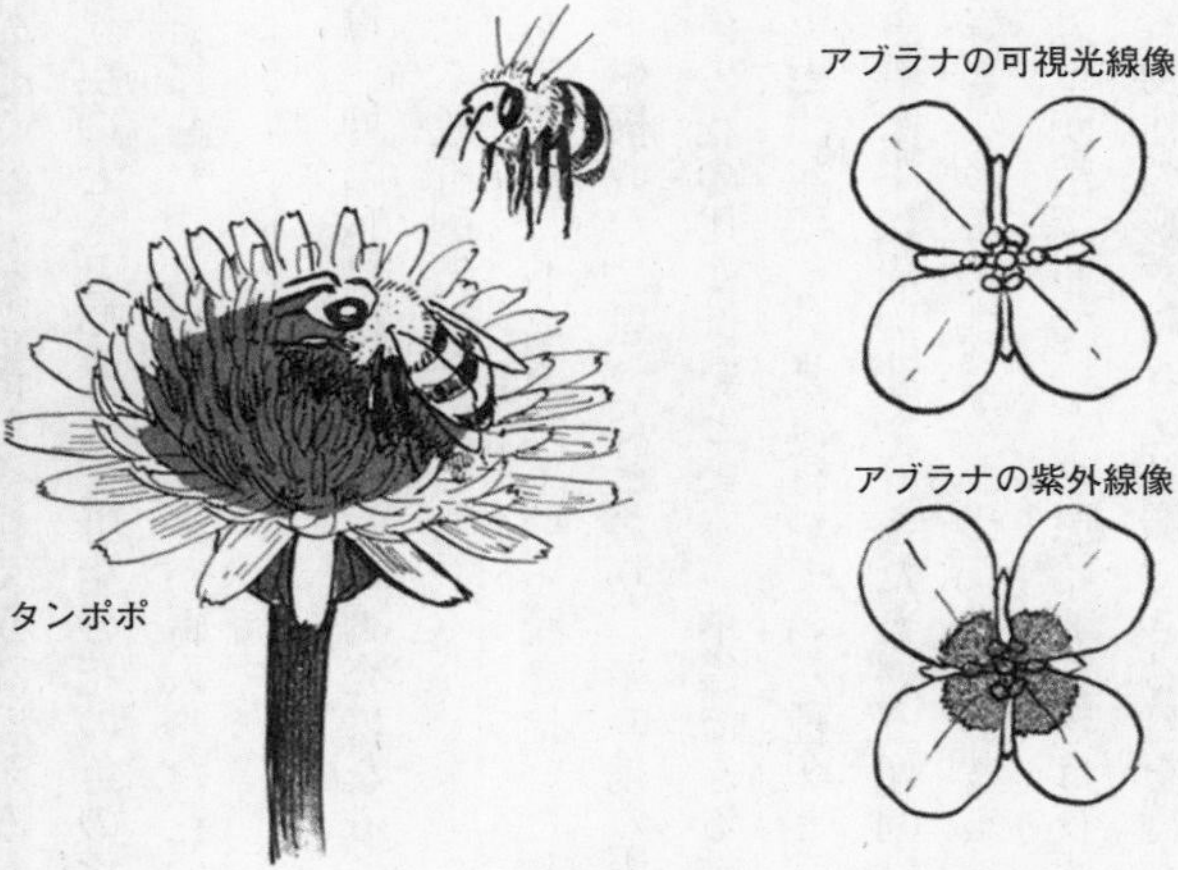

できる広い色覚もそなえている。

昆虫の色覚の研究結果や花の紫外線写真などを見ていると、「花は昆虫のために咲いているのだ」ということを実感させられる。

ヒトの好きな花の色は？

昆虫の好む花の色を調べていて、ヒトは赤い花が好きなのではないかと考えた。花屋の店頭をのぞくと、赤い花が多いように思えるからだ。

やはり昆虫のときと同じに、野生の花の色の比率とヒトが選ぶ花の色の比率を比べることにした。本来ならヒトが購入した花の色の比をみるのがいいのだろうが、そのようなデータを入手しようとすると、園芸関係の統計などを調べる必要があり、専門外の私にはむずかしい調査になる。そこで野生の花の色の比を調べたのと同じ、牧野図鑑を利用した。

図鑑から観賞用に栽培されている花を拾いだし昆虫の場合と同じようにレーダーチャートを描いた。思ったとおり、赤い花の比が野生のものよりいちじるしく高く、緑色の花の比が低いという、納得できる結果がでてきた。図鑑が出版されたのは一九七六年で、いま流行《はや》っている種類とは違う花もあるが、花屋の店頭をのぞくかぎりヒトは赤い花が好きだという傾向は変わらないようだ。では、なぜ、赤い花が好きなのか。以下のような物語を考えてみた。

昔々、恐竜が活躍していた頃原始哺乳類は夜間ひっそりと生活していたので、弱い光でも物体の形や動きを認識できる目を持っていたが、強い光を必要とする

ヒトの好きな花の色のレーダーチャート

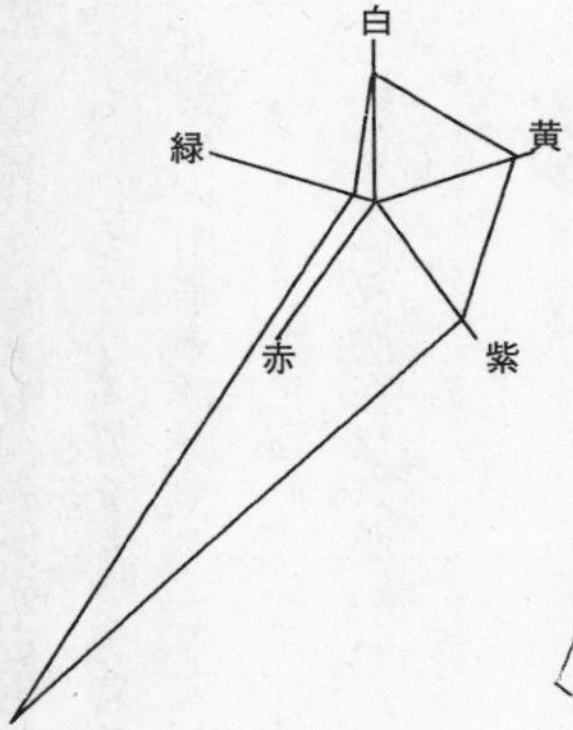

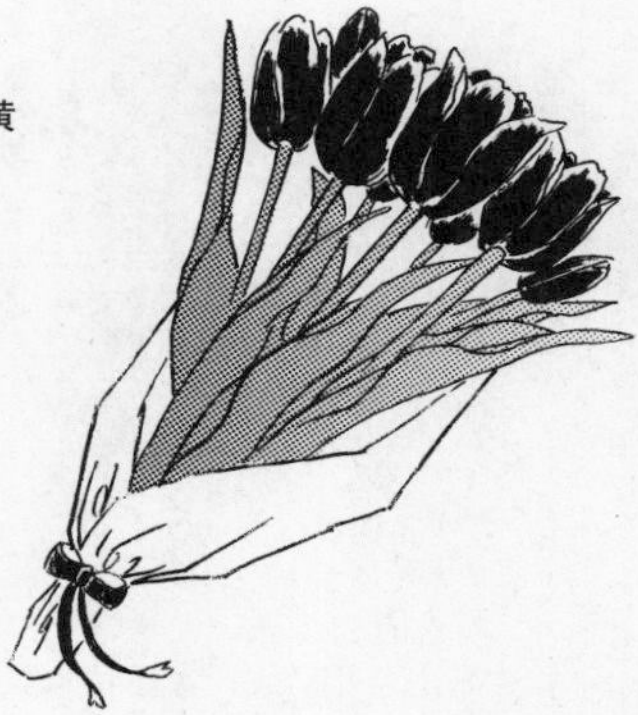

色を識別する能力は失っていたといわれる。その哺乳類のなかからサルの仲間が進化してきて、安全な樹上で生活し始めた。樹上生活を始めたサルのなかに、緑色と赤とを区別できるサルがあらわれたとき、彼は鳥が好む赤い木の実を遠方からでも発見できる超能力を持ったことになり、生きのびるチャンスが増したはずだ。そして、赤を識別できる遺伝子は、急速にサル全体に広がった。

その子孫である我々ヒトも、赤い光を色として区別できる性質を受けついでいて、赤は食べものにつながる好ましい色彩として、心の奥で意識しているに違いない。その証拠は、中華そば屋やファーストフード店の看板やシンボルマークに赤色が多用されていることに現れている。そして食物ではなく、花を買うさいにも赤は好ましい色という潜在意識が働いて、赤を選んでしまうのだ。

第九章

風まかせの術

風媒花は花の覇者

さて、これまでは花が昆虫や鳥をいかにうまく利用するかを述べてきた。しかしその一方で、昆虫が来なくても受粉する手段を持つ花がある。

よく知られているのは、花粉の移動に空気の流れを利用した風媒花《ふうばいか》だろう。そして、花粉を水の流れにまかせる水媒花《すいばいか》もある。風や水は見返りを要求しないので、蜜を分泌する必要はないし、目立つようにと大きな花びらをつける必要もない。そのため風媒花や水媒花は蜜や花びらを作るための資源やエネルギーを、花粉を作りタネを育てるために利用できる。

花粉の媒介に水流を利用できるのは水生植物にかぎられるので、多くの植物にチャンスがあるとは言えない。しかし、地上に生活する植物は花粉の散布に風を利用する機会はいくらでもあるはずなのに、なぜ風を使わない植物があるのだろ

うか。

風を利用できるのは、植物の世界の覇者にかぎられる、という理由があるからだ。風媒花をつける植物の代表は、世界遺産に指定された白神山地をおおうブナや、シベリアの森林地帯タイガなどを形成する針葉樹、規模は小さいが湖岸や河原をおおいつくしているアシなどだ。このように見てくると、その環境でもっとも広い面積を独占した植物が風を花粉の運び手として利用していることがわかる。

風にのった花粉は、タバコの煙のようにしだいに薄まっていくので、植物と植物のあいだがあまり離れていると、雌しべに到達できる花粉が少なくなり、タネの量が減ってしまう。どの雌しべも花粉を受けられる十分な花粉を空中に漂わせるには、同じ植物が群生している必要がある。だからこそ風媒受粉は、他の植物を圧倒して群生できる植物にのみに許された受粉方法であり、覇者の受粉方法だと言えるのだ。

風媒花たちの工夫

風は、見ず、嗅がず、感じず、考えず、好き嫌いも言わずに、ただ吹いていく。でも、林の上を吹きわたる風と、日だまりの草地に吹く風では強さが異なる。虫媒花が昆虫の性質に合わせてさまざまな形や色の花を咲かせたように、風媒花をつける植物たちも、花をつける位置や、隣りにいるだろう植物までの距離を計算したように、花粉を運ぶ風の強さに合わせた雄しべと雌しべをつけている。虫媒花が昆虫の出現に合わせて咲くように、風媒花の咲く時期も周囲の環境や、葉の展開の時期などを考慮して季節を選んでいる。風は無生物だが、花は生物だから

風媒花の５つのタイプ

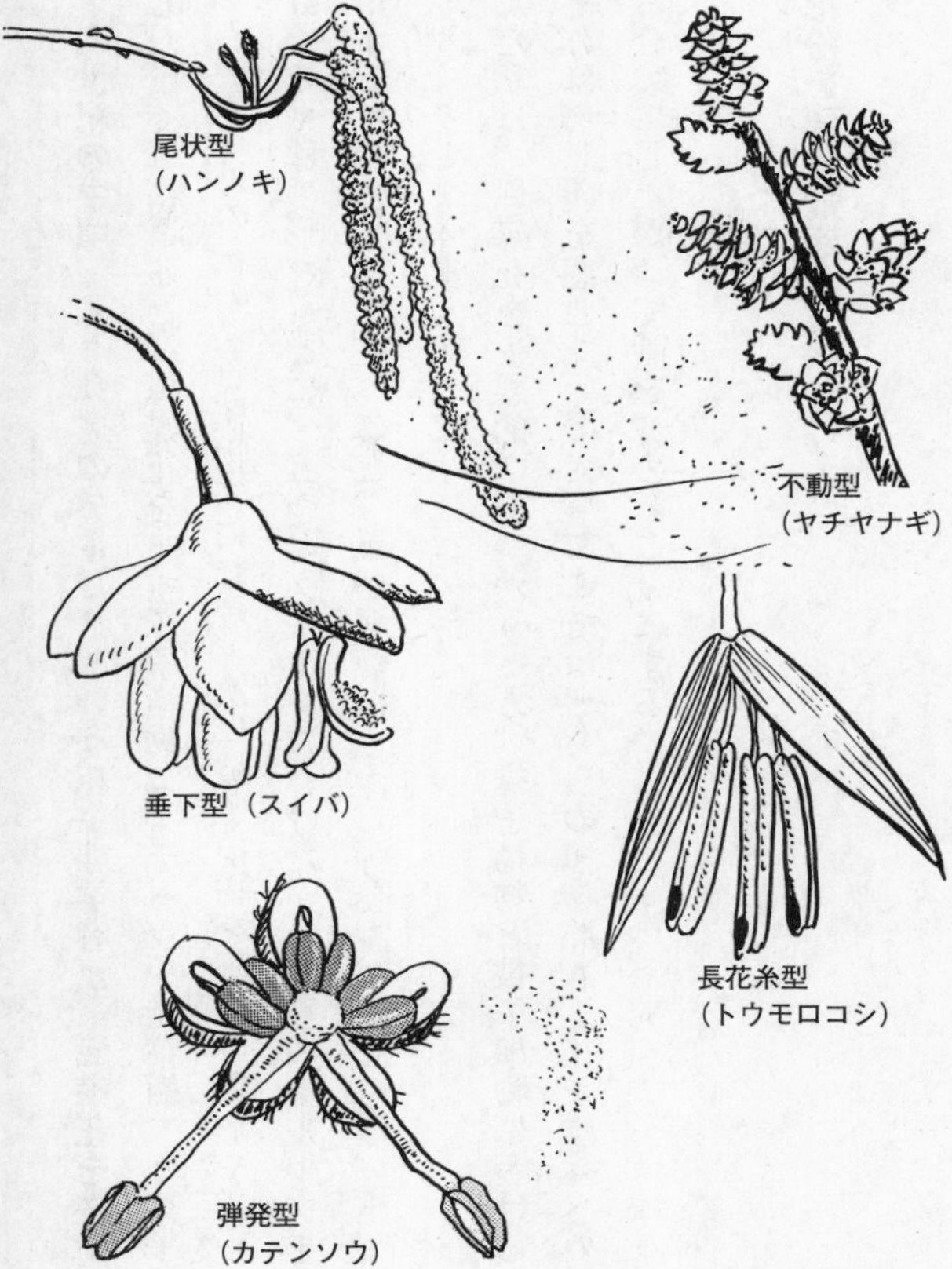
尾状型
(ハンノキ)
不動型
(ヤチヤナギ)
垂下型（スイバ)
長花糸型
(トウモロコシ)
弾発型
(カテンソウ)

だ。

十九世紀の中頃、イタリアのデルピノという花生態学者が、風媒花をタイプわけした。それによると、風媒花をまず裸子植物《らし》（イチョウや針葉樹）と被子植物《ひし》（裸子植物以外の花の咲く植物）にわけ、次に被子植物を雄しべの形や雄しべをつけた花や穂の形をもとに、五つのグループにわけた。それらのグループを花が利用する風の強さ順に並べると、風が弱いほうから弾発型《だんぱつ》、長花糸型《ちょうかし》、垂下型《すいか》、尾状型《びじょう》、そして不動型《ふどう》となる。

ただ私は、風媒花を生態的にあつかうとき、裸子植物と被子植物にわけることにそれほど意義を感じないので、ここではどちらの植物群も雄花や雄しべの型による分類にしたがって話を進めることにする。

花粉を弾き飛ばすカテンソウ

カテンソウと雄花の破裂の段階（左）

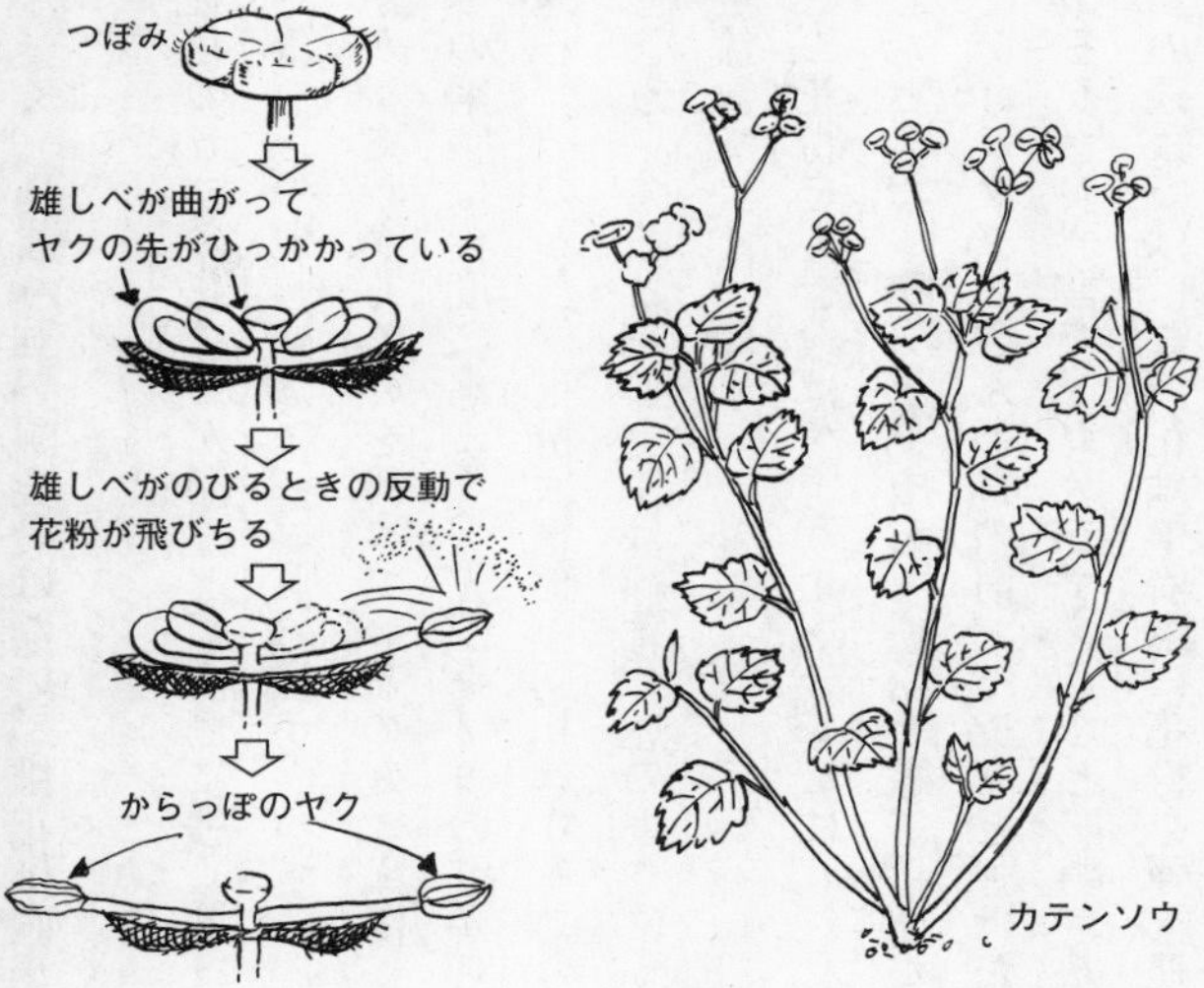
つぼみ
雄しべが曲がって
ヤクの先がひっかかっている
雄しべがのびるときの反動で
花粉が飛びちる
からっぽのヤク
カテンソウ

エニシダの花はハチが来たときに、雄しべがパチンと飛びだす。また、アザミやヒイラギナンテンは、昆虫が来たことを感知して雄しべが動く。風媒花のカテンソウも、花粉を弾《はじ》き飛ばす。だがカテンソウは、なかなか風が来ないから雄しべが花粉を弾き飛ばすのだ。

カテンソウはやや湿った林間や、田んぼのわきの土手などに群生する植物で、花の頃は高さ十センチ前後咲く。

と小さく、あまり強い風を受けない。雄花は直径五ミリほどで、穂の先に数個が咲く。

雄花の五枚の花びらが開くと、内側に強く曲げられている五個の雄しべが見えてくる。花の中心にはキノコ形の柱が立っている。雄しべの先はキノコの笠にひっかかって時がくるのを待っているのだ。太陽がのぼり暖かくなってくると、雄しべの緊張は極度に高まり、先がキノコの笠から外れて、バネのように瞬時に反り返る。そのとき、花粉は急激な反り返り運動の遠心力で、雄しべから飛びだしてしまう。すると花の上には線香の煙のようにうっすらと花粉の雲ができ、スーッと流れていく。

この花粉を弾き飛ばすようすをテレビに収録しようとするＮＨＫの取材班に同行したときだ。夕方下見をしていたとき、手頃な群落があったので近寄っていくと、ディレクターさんの目の前でパチンと弾けた。

「撮るぞ」の一言で、カメラマンさんと照明さんが来て準備を始めた。

私の観察では、この花は午前中に花粉を弾き飛ばすことが多いと知っていたので、日没後に撮影を始めて、はたして成功するかと危ぶんでいた。

しかし、花は元気よくあちらでパチン、こちらでパチンと弾けた。強いライトを浴びて朝になったと勘違いをしたのだろうか。

小さい花粉を飛ばすクワ

花粉を放出してしまったクワの雄しべをルーペでのぞくと、雄しべの透明な柄（花糸）にはアオムシやイモムシの背中にあるような横皺《よこじわ》があった。それを見てクワの雄花も花粉を弾くに違いないと考えた。

カテンソウの雄しべにも同様の皺がある。その皺を内側にして花糸は曲げられていて、皺の一つ一つのふくらもうとする力が花糸全体を反り返らせる力になると考えていた。一九九八年四月、千葉県の自然誌をまとめるために調査をしていたところ、逆光を浴びて立っていたクワの木のあちこちから、花粉がのろしのように舞い上がっている光景にであった。推察が当たっていたなと一人ほほえみ、そのクワの木に、秘密を明かしてくれたお礼を小声で告げた。

クワの花粉は楕円体《だえんたい》で、長径は十九〜二十一ミクロンだと報告されている。千分の二十ミリ前後ということだ。この花粉は風媒花としては小さいグループに入る。

私は風媒受粉をする野生植物二百種類の花粉のサイズを統計にかけて、花粉の散布の仕方によって、花粉の大きさに違いがあるかどうかを調べたことがある。その結果、風媒花全体の花粉の長径の平均は三十一ミクロンなのに、クワやカテンソウなど花粉を弾き飛ばす弾発型の花の花粉の平均は、半分以下の十五ミクロンだった。体積にすればその三乗になるので、八分の一以下。風媒花のなかでもっとも小さい花粉を作るグループとしてまとまっていた。

花粉は小さければそれだけ長く空中に浮いていられる利点がある。風は、林の上を吹いているときの風速が十五メートルでも、林のなかではその十分の一の一・五メートルだったという研究がある。林というものはそれほど風をふせぐ効

クワの雄花

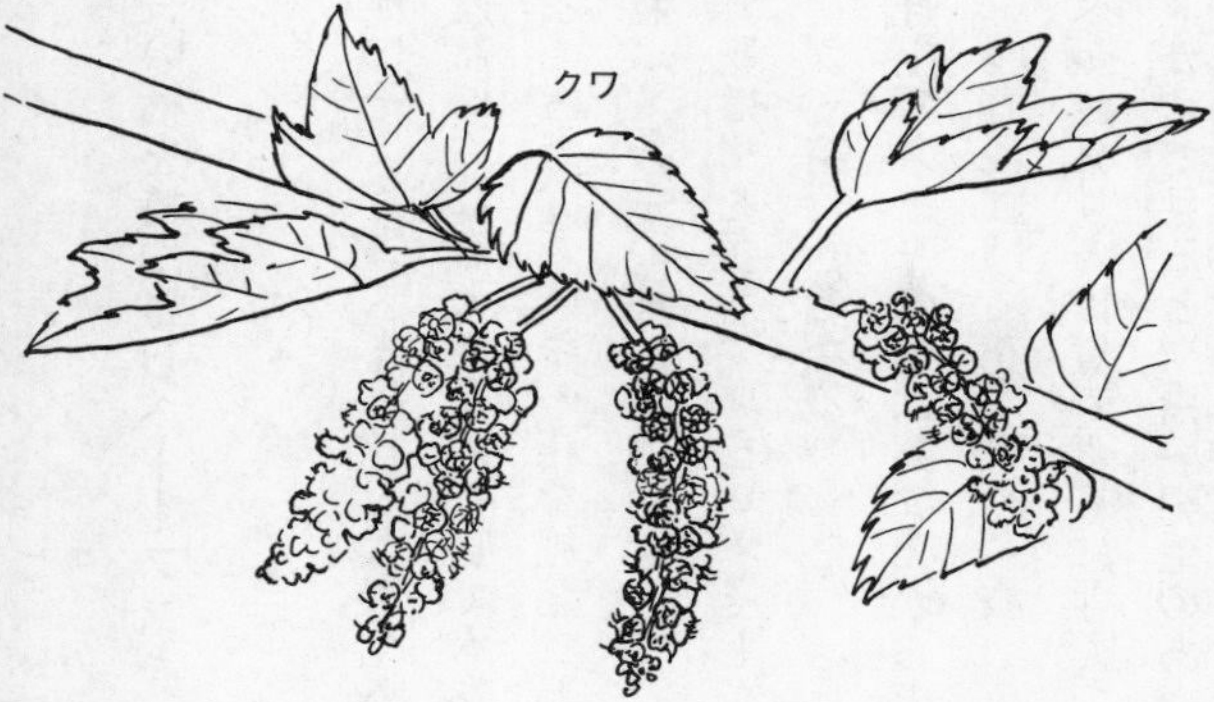

果がある。
　一般に弾発型の花をつける植物は林のなかにできた日当たりのいい空間に生えていたり、畑の作物のあいだなどで風の弱い環境で花を咲かせている。
　弾発型の花は花粉を自力で弾き飛ばすことで、風を待たずにすむ。そのうえ、花粉が小さければ風が弱くても大気中に長く浮いていられる。花粉を弾き飛ばすことと花粉を小さくすることは、セットになって進化してきたのに違いないというのが私の考えだ。

長い柄を持つ雄しべ——ススキ

風にそよぐススキは秋を代表する風情であり、ススキにとって風は花粉とタネを運んでくれる大切な乗り物でもある。

ところで、ススキの花を見たことがあるだろうか？　十五夜の前、花屋の店頭に並ぶススキの穂は葉の鞘《さや》からでたばかりの若い穂で、枝は箒《ほうき》のようにそろっていて花はまだ咲いていない。そして、十五夜が過ぎてしばらくすると、穂がちぢれ、ゴミ箱行きとなる。

野生のススキの穂は葉の鞘からでて伸び続け、葉の群れより高い所にくると、枝を四方に広げて花が咲く。枝の下に淡黄色や黄色、株によっては紫色などの雄しべがお祭りの提灯《ちょうちん》のように並んでさがり、風に揺れて花が咲いたのだとわかる。虫メガネで見ると、白い綿毛のあいだから長い柄を持った雄しべが下がっていて、

ススキの穂と花

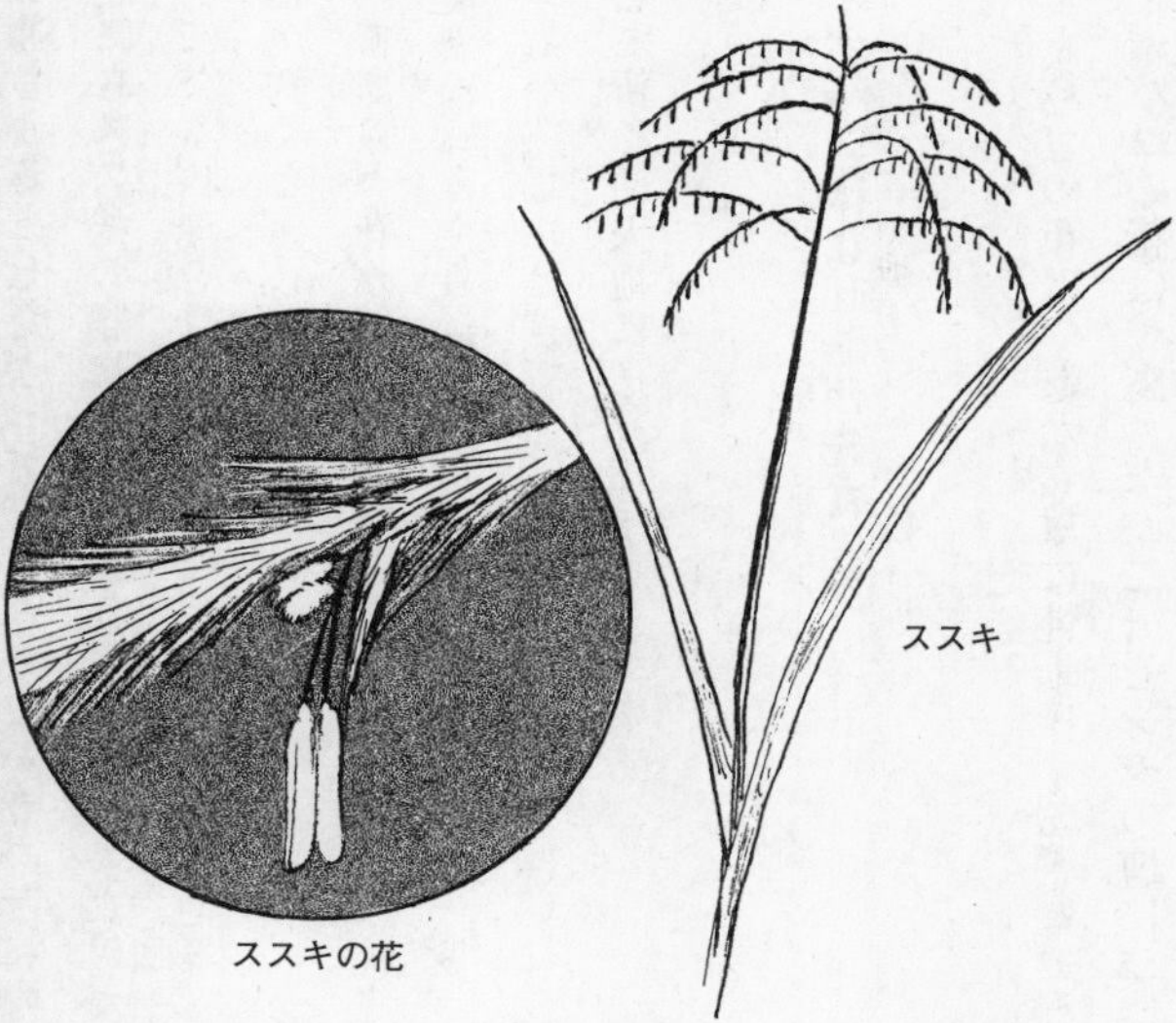

ススキの花

風が吹くと身をよじるようにプルプルと動く。衣服についたほこりを払うのと同じで、この動きによって花粉が雄しべから離れ、風に乗って飛んでいくのだ。

しかし風は昆虫と違い、気に入ったからとふたたびススキの花を訪れてくれることはない。真っすぐに、ときには渦をまいて吹きわたっていくだけだ。風に乗った花粉は花から遠ざかるにしたがって、しだいにバラバラになり薄まっていく。そのなかで幸運にもススキの雌しべにたどり着いたものだけが、雌しべのなかにあって後にタネになる胚珠《はいしゅ》を受精させ、タネへと成長できるのだ。

花が咲くとき枝を広げるのは、できるだけ多くの風を受けようというススキの策略であり、花が終わるとまた枝は上を向いてそろう。今度は、痛めつけられないように風をやり過ごすためだ。そしてもう一度、枝を広げるときがくる。それはタネが熟したときで、ふたたび風をいっぱいに受け、綿毛をつけたタネを風に託して新しい天地に送りだすときである。

オオバコはなぜ雌が先か

オオバコの花は、雌から雄に性転換する。なぜ雌から雄に変わるのだろう。

オオバコの花は、高さ十～二十センチの穂にびっしりと並ぶ。ゆらゆらと雄し

オオバコの穂と花の拡大図

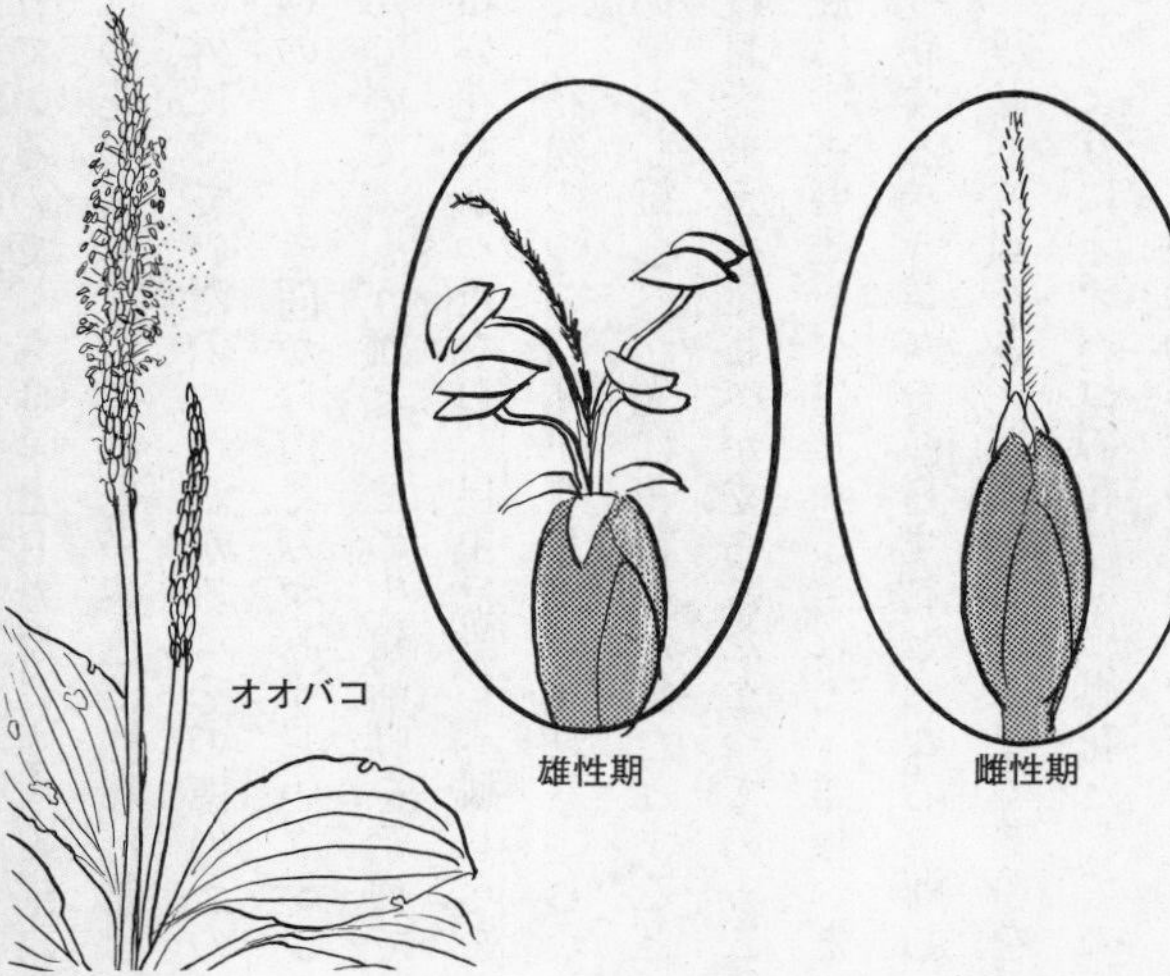

べが揺らめいている部分に、雄の時期の花が咲いている。虫メガネで見ると、薄く色のついた四枚の小さな花びらが開いている。そのなかから四本の雄しべをだし、長い柄の先端にハート形のヤク（花粉袋）がついている。風が吹くとそのヤクがプルプルと揺れて、運がよければ花粉が風に流されていくようすを見ることができる。雄しべの柄が細いうえにヤクは重心近くで支え

られているので、ちょっとした風にもすぐ揺れるのだ。

この花の真んなかには先が茶色に枯れた雌しべが立っていて、もっと早くから花の外にでていたのだとわかる。その穂の上のほうを見ると、花びらは開いていないのに、すき間から白くみずみずしいブラシのような雌しべをだしている花が並んでいて、もう雌としての生殖活動を始めていることがわかる。

虫媒花であったなら、昆虫は雄しべ雌しべをかきわけてでも蜜を吸おうとするので、花粉のついた体が雌しべに触れる。しかし風はそのようなことをしてくれない。もし雄しべが先に花粉をだしたとすると、後から伸びてくる雌しべの周囲に役目を終えた雄しべが立ちはだかっていることになる。すると花粉を運んできた風は、古い雄しべにじゃまされて、雌しべまで花粉を届けることができず、花は受粉するチャンスを減らすことになる。雌しべが先に熟して花びらの外にでれば、雄しべに風をさえぎられることなく花粉を受けられるのだ。

このようにオオバコの花は、風媒花としての事情があって、花びらが開くまえにもう雌しべが活動を始めているのだ。

トウモロコシの雄花と雌花

トウモロコシは、雄花と雌花が別々の穂につく。

雄の穂は茎の先についてススキと同じように枝を四方に伸ばしてから花を咲かせる。雄花はホウが変化した殼のなかに閉じこめられていて、なかには花びらが変化してできた二枚の白い鱗片と、三本の雄しべがある。雄しべが成熟すると二枚の鱗片が水分を吸って臼歯のような形にふくらみ殻をおし開けて、雄しべが花の外にでられるようになる。そして黄色く大きな雄しべは長い柄を急速に伸ばし、殻からつりさがる。雄しべの先には穴が開いていて、風に吹かれるたびに風媒花としては大きな十分の一ミリもある花粉をまきちらすのだ。

一方、あとで食用になる雌の穂は葉のわきにでるが、食べるとき皮とよばれるホウに包まれていて外からは見えない。ただ花粉を受ける部分は白い糸のようで、

トウモロコシの雌花と雄花

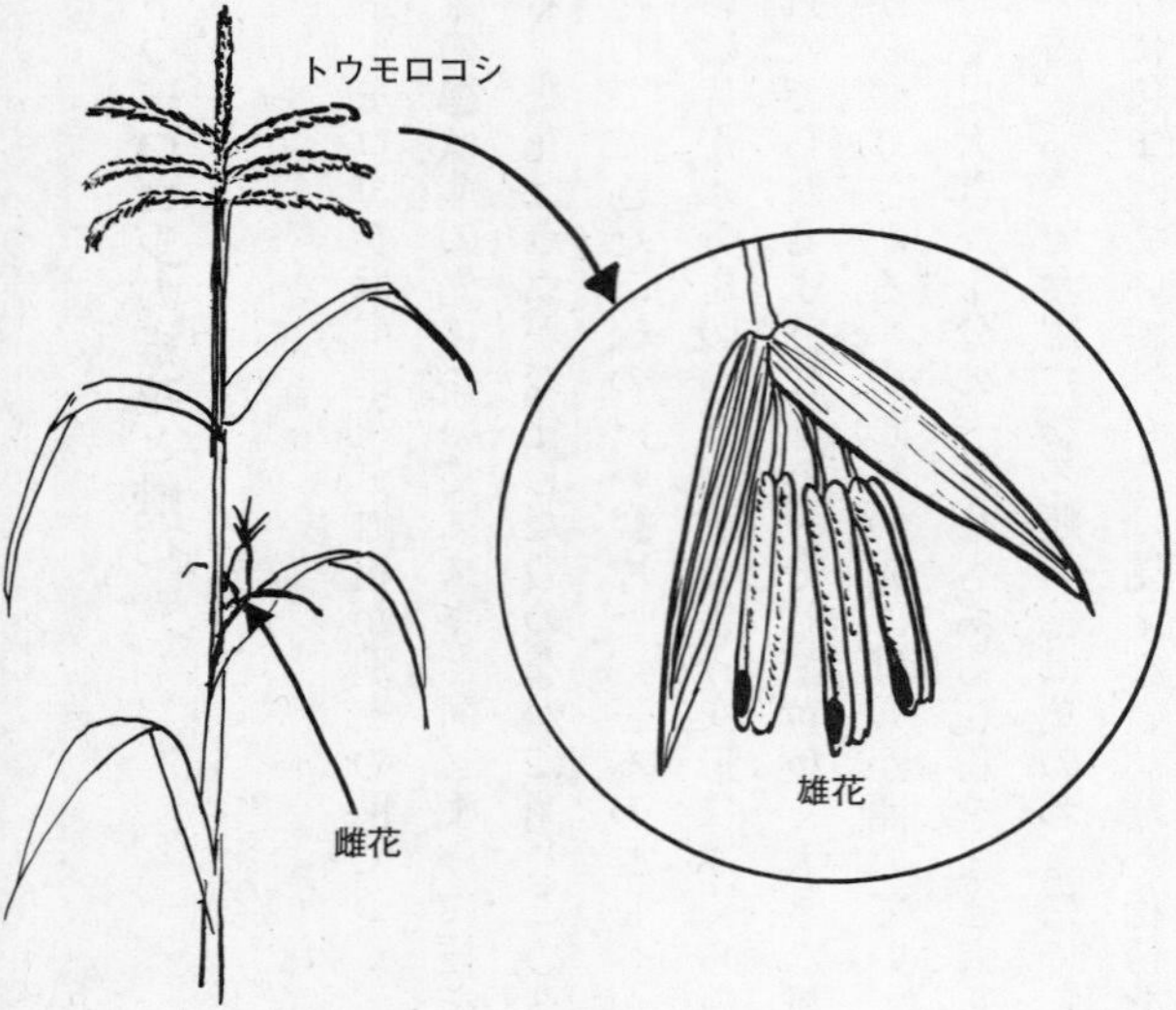

長いものでは三十センチにも伸びて、ホウの先端からでてくる。ここで花粉を受けるのだが、食べる頃には役目を終え茶色に枯れて、実にからみついている。ススキ、トウモロコシ、オオバコ、いずれも雄しべは長い柄を持っていて揺れやすく、比較的弱い風でも花粉が雄しべからふりだされて離れていくことができる。これらの花はいずれも、

花粉の大きさと衝突のしやすさ

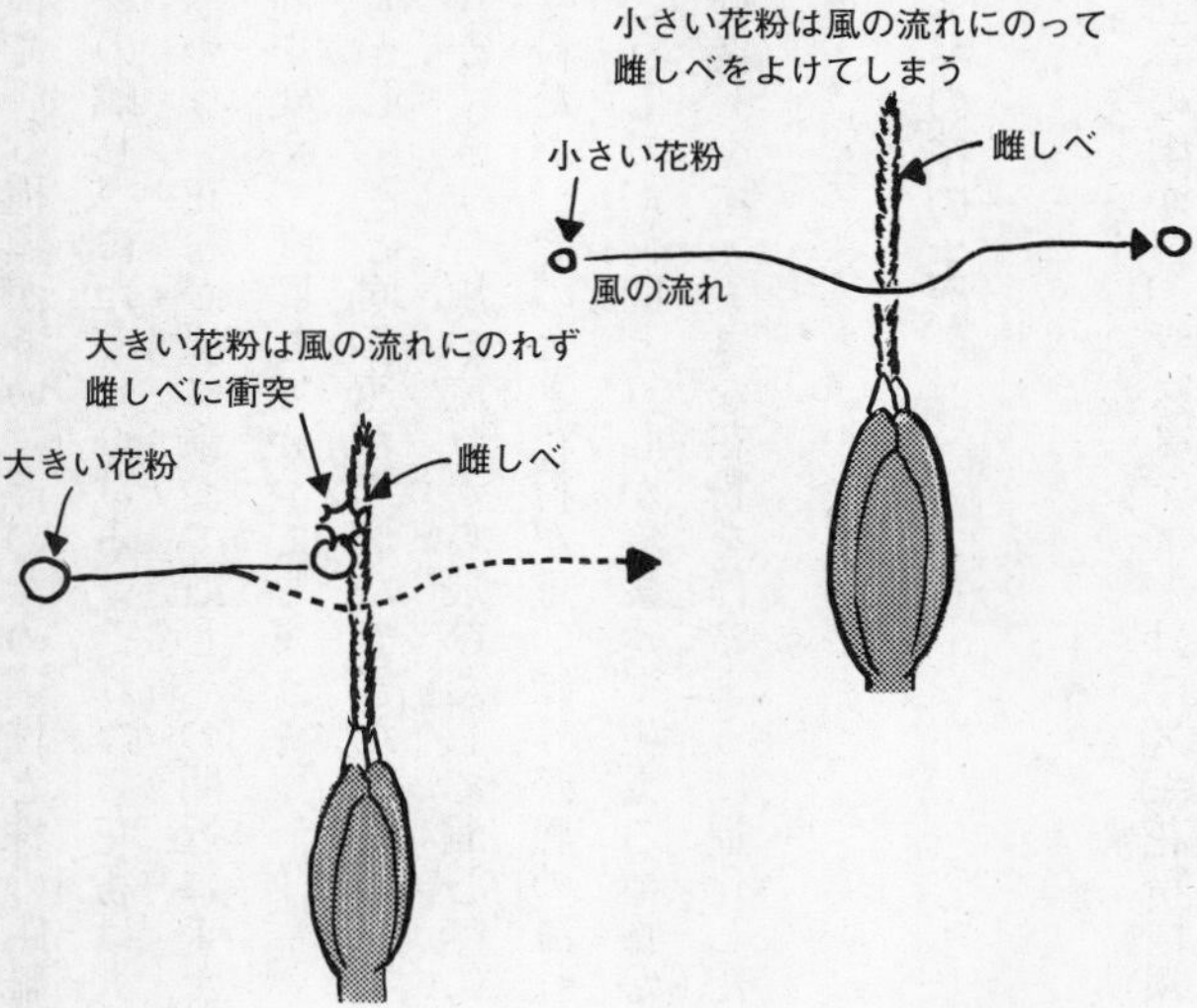
小さい花粉は風の流れにのって
雌しべをよけてしまう
小さい花粉
雌しべ
風の流れ
大きい花粉は風の流れにのれず
雌しべに衝突
大きい花粉
雌しべ

デルピノの風媒花の分類の長花糸型に属している。

しかし、作りだす花粉は風媒花全体の平均よりずっと大きい。弱い風のなかに大きい花粉をだしてしまうと、花粉は早く地上に落ちてしまい遠くには移動できないことになるが、長花糸型の花はなぜそのようなことをしているのだろうか。

長花糸型の花をつける植物を見渡すと、その多くは草でしかも密生した群落を作っている種類が多い。そのため、株と株の距離が短く、花粉は少し飛べばほかの株の雌しべにたどりつける。それなら花粉は大きいほうが有利になるのだ。

ふつう、花粉が風に乗って雌しべの間近に来たとき、風は雌しべのまえで急に方向を変えて迂回《うかい》していってしまう。

しかし、風と同じ速さで飛んできた花粉は、勢いがついているために急な方向転換ができず、風の流れから飛びだして雌しべに衝突することになる。この衝突が受粉だが、そのとき花粉が重いほうが風の流れから飛びだしやすいのだ。

こうして、仲間どうしが集まって生える植物が長花糸型の花をつけて、雌しべに衝突しやすい大きな花粉を作るように進化したのだと考えている。

スギの花の生態

立春の頃から、マスメディアは、スギ花粉情報を流すようになる。花粉の量や

スギがだす花粉の雲

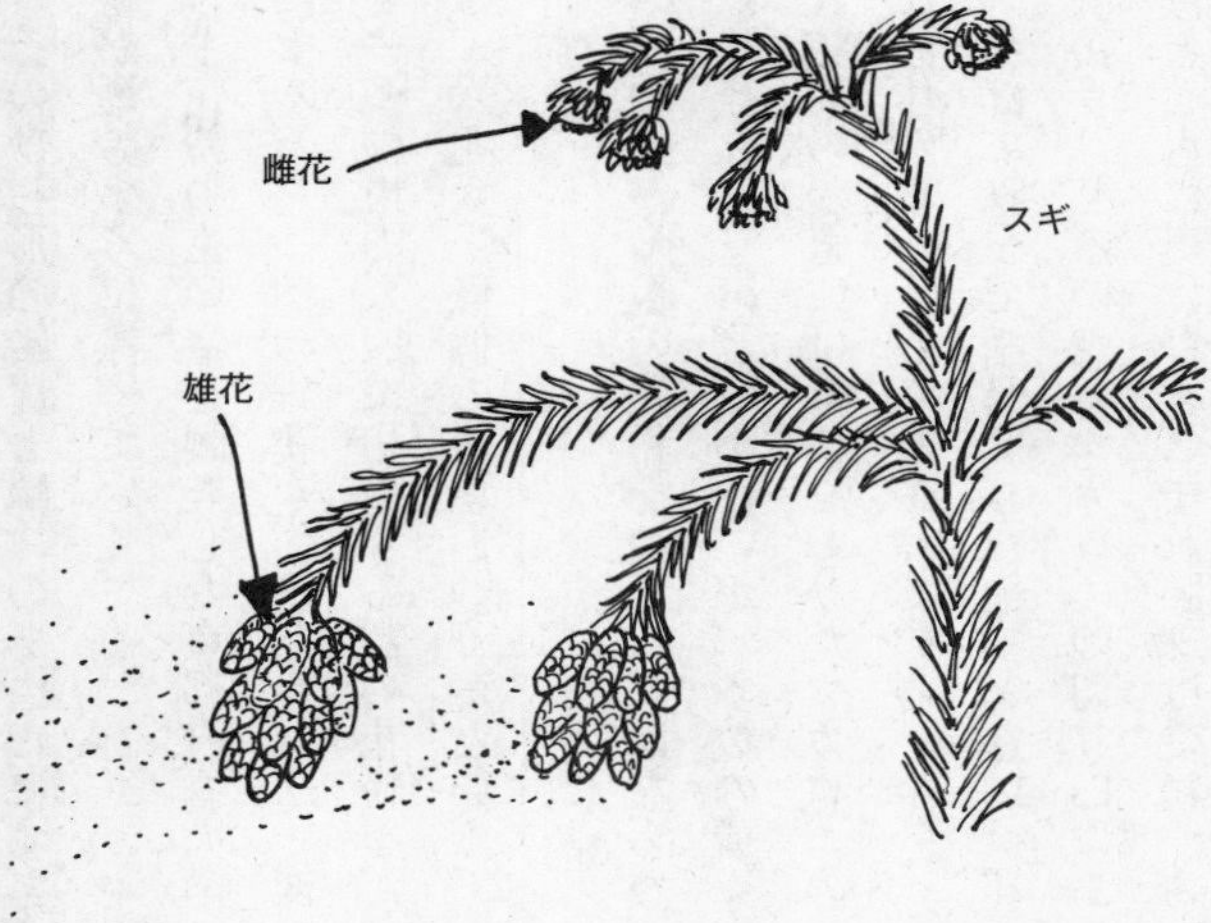

花粉症の話など情報は多く届くが、それほど多量の花粉を放出する生物学的意義については何も知らされない。そこでスギの立場から、生態を見つめてみよう。

スギは小さな剣形の葉がすきまなくついた枝先に、褐色をおびた小さな楕円《だえん》形の粒々を多数つける。この粒々の一つ一つが雄花で、長さは五ミリ前後、表面はひし形の鱗片に被われて、パイナップルを小さく小さくしたような感じだ。そのひし形の鱗片と鱗片のあいだにすきまができ、風が吹いて枝が揺れると、花粉が煙のように漂っていく。

スギ花粉の生産量を調査した京都府立大学の齋藤秀樹《さいとうひでき》先生と竹岡政治《たけおかまさじ》先生の研究によると、一個の雄花が作る花粉は二十四万〜四十四万粒だという。たった一個で一つの市の人口に相当する数の花粉をだす。そして、一ヘクタールのスギ林では、六兆六千億個の花粉をつくるという。これは、ダンボール箱六、七個分に相当する。

スギの樹が多数の花粉をつくらねばならない理由は、雌花の構造にあった。雌花は直径五ミリほどで小さいが、多数の鱗片がバラの花びらのように並び、それぞれ鱗片のわきには緑色をおびたマカロニの切り口のようなものがあり、先に透明な液体がまるくもりあがっている。

スギはこれまで話してきた植物と違い、花粉はタネの赤ちゃんに相当する胚珠《はいしゅ》が直接受けとるのだ。マカロニの切り口にある液体の表面に花粉がつくと、花粉は液とともに奥にひきこまれ胚珠は受精する。そして、一年後に褐色に熟したタネになるのだ。

液の直径は、十分の一ミリほど。そのうえ雌花は下を向いて咲く。花粉が液に衝突するには、よほどの幸運に恵まれなければならない。そこで雄花は、下手な鉄砲も数撃ちゃ当たる、とばかり、たくさんの花粉をつくるのだろう。

雄花をつり下げて――ブタクサ

一九七〇年頃まではブタクサが花粉症の元凶として問題にされていたが、いまではほとんど忘れられた雑草となっている。

その頃は、空き地さえあれば、キバナコスモスの葉に似た細かい切れこみのあるブタクサの葉が目についたものだ。夏のさかりを過ぎると、茎の先から長い緑色の穂をだして、細い柄でつり下げられた雄花の集団をつける。といってもきれいな花びらはなく、直径三～四ミリで、緑色の笠形の一枚のホウの下に、黄色い

ブタクサの雄花の花粉のだし方

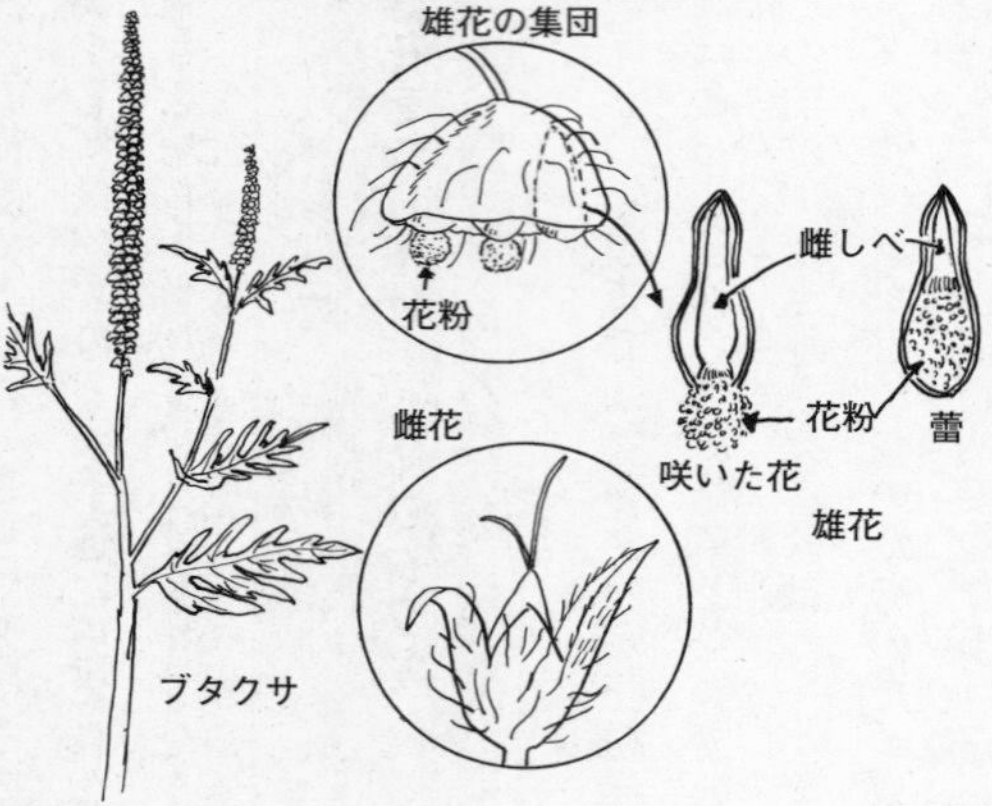

粒々がついているだけ。粒々の一つ一つが雄花で、なかの仕組みがおもしろい。

雄花の蕾はしずく形で、そのとがった先で笠についている。ルーペの下で慎重に蕾を裂いてみると、なかは黄色い花粉がびっしりと詰まった雄しべで占められている。雄しべのもとの近くには透明で小さな円錐形のものがあるが、これは雌しべの名残だ。雌しべの先には水彩画の筆の穂先のように微細な毛が生えている。

ここで31ページのノアザミを思い出してほしい。雄しべの筒のなかに

スイバの雄花

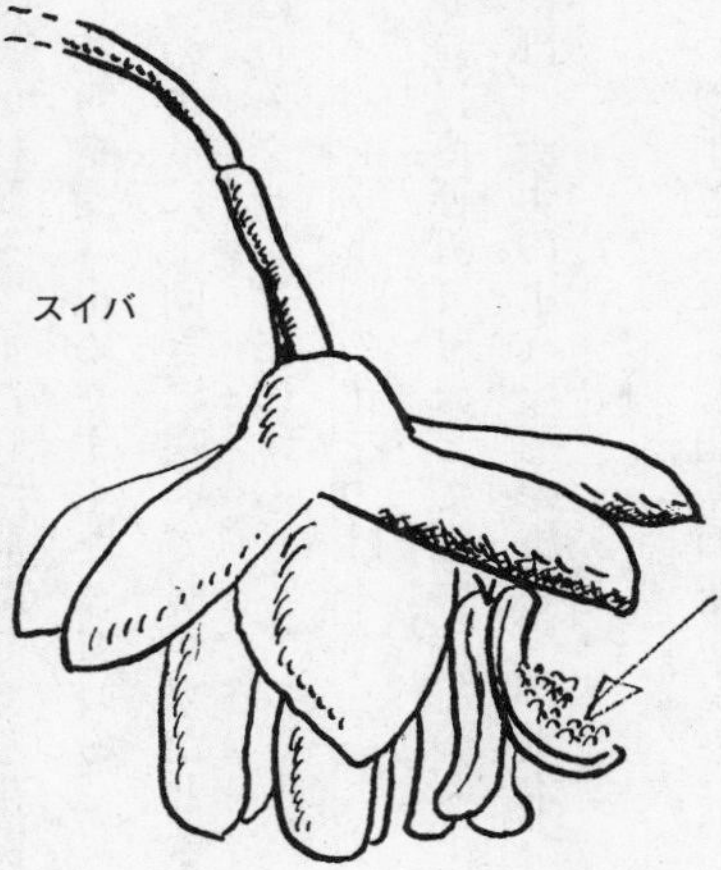

だされた花粉を、雌しべの途中にある突起が押しだす仕組みだった。ブタクサの雌しべの先に生えている毛も、同じ役目をする集粉毛である。花が咲くと、この雌しべが急速に成長して、雄花のなかに出された花粉を押しだす。花粉は、花から押しだされた当初は花の下に塊となってついているが、乾くにしたがって風に散っていく。そのとき雄花の集団は、下向きに柄でつり下げられているので、揺れや

すく花粉散布に有利に働くのだ。

雌花は、雄花の下の方の葉のわきにつく小さな葉のようなホウのあいだから、白く長い柱頭を二本だして飛んでくる花粉を待つ。柱頭には細かい突起が密生して、花粉を受け止めやすくなっている。

このように下向きに咲いて風が来たときに揺れて花粉を放出する花は垂下型とよばれるグループに属する。

スイバも垂下型の花をつける。

雄花は直径五ミリほどで細い柄でつり下げられていて、緑色の六枚の花びらの下にはバナナのような形の雄しべが六本つり下がって、風にプルプルとゆれている。

一つの雄しべに二万個もの花粉をいれ、先の方から少しずつ裂けて風が吹くたびに花粉を散らす。雄しべの柄（花糸）は円錐形で先端は針より細くとがっている。花粉をいれたヤクはその先についているので、少しの風でも揺れる。花も揺れやすくできていて、雄花全体が風の検出器であり、花粉の放出装置なのだ。

ハンノキのシッポのような穂

ハンノキやシラカバなどのシッポのように長く垂れ下がっている雄花の穂は、デルピノの分類では尾状型とよばれる。

東京近辺では、立春前後からハンノキの花が咲き始める。まだ葉のでない枝先から、黄褐色で長さ五〜十センチの細長い穂が垂れ下がり、水辺に春の色彩を運んでくる。風媒花をつける樹木たちが、葉が開くまえに花を咲かせるのは、生き残るための大切な習性である。葉が広がってしまうと、花粉を運ぶ風を弱めるし、せっかく風に乗った花粉が葉についてしまい、受粉の障害物となる。それを避けるために、花は葉が開くまえに咲く。それにしてもハンノキは早い。葉が開くのは開花から二カ月も後なのだから。

長い穂は雄花の集団で、細かい暗褐色のホウが規則正しく表面をおおい、打ち

ハンノキの枝先

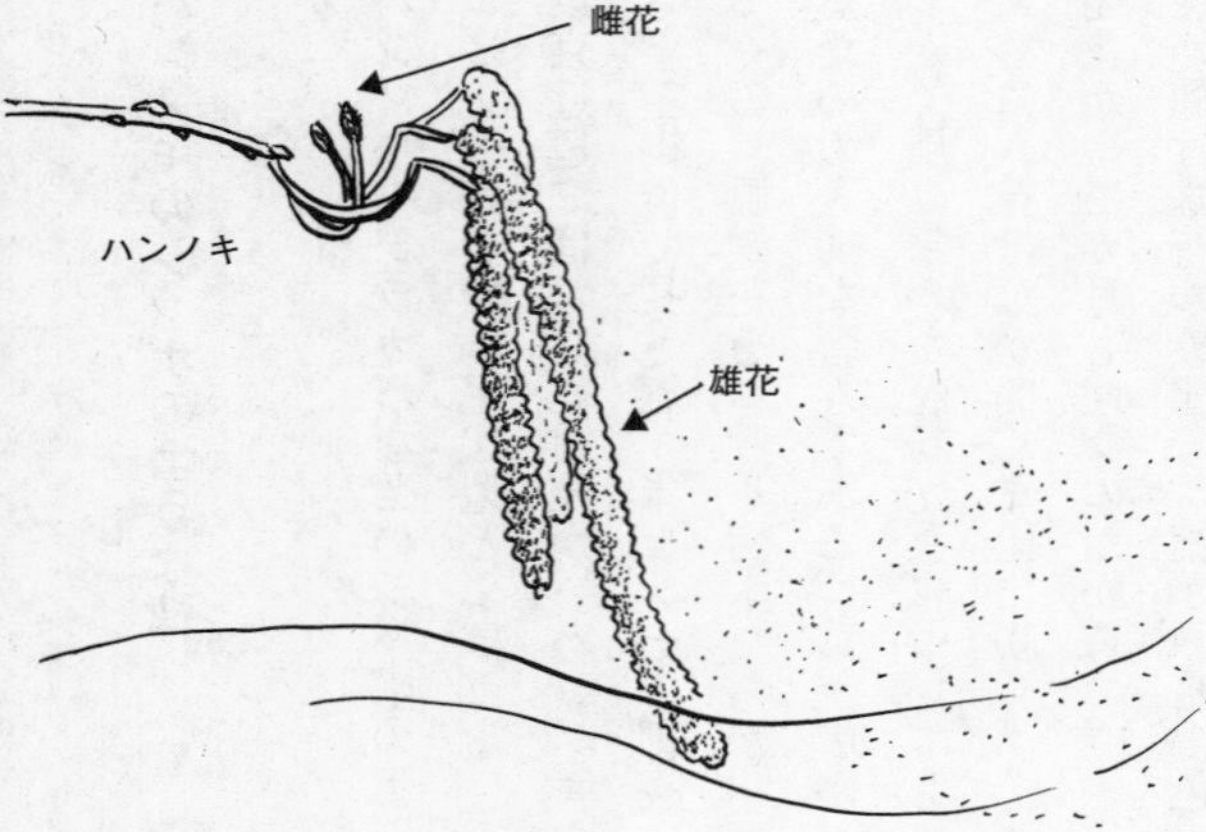

紐のように見える。そのホウの下にたくさんのまるい雄しべがある。穂が若いとき、ホウはぴったりと寄りそい、すきまなく堅くつっぱって北風にたえている。花時が来ると中軸が伸びるので、ホウとホウのあいだにすきまができて柔軟になり、雄しべは自由になる。そうなると、花粉をたっぷり入れて丸々と太った雄しべは、縦に裂けて花粉を露出させる。柔らかくなった穂は、ちょっと強めの風が吹くと大きく揺れるので、花粉が雄しべから離れていく。

花粉が目指す先は雌花だ。雌の穂は赤紫色で、雄の穂と同じ枝先に一、二個ついている。雌の穂をつけた枝は寒い風のなかですっくと立ちあがり、長さ五ミリほどの小さな穂を支えている。雌の穂のまるいホウのあいだからは、ややざらついた雌しべの先がでて花粉を待っている。友人の北村治《きたむらおさむ》さんが、その雌花に花粉を振りかけてから写した写真をホームページで見せてくれた。花粉は表面のなめらかなホウにはつかず、雌しべだけについていた。

マツの動かぬ雄しべ

私が初めて書いた本『花と昆虫』に、風媒花の例をいくつか忍びこませた。そのときマツの花の写真も入れたが、それはもう受粉活動を終えた、いわばしおれた花だった。当時は見わけることができず、さかりの花だと思って撮ったのだ。マツの針のような葉に囲まれた枝先には、銀色の毛におおわれた芽があり、暖

マツの枝先

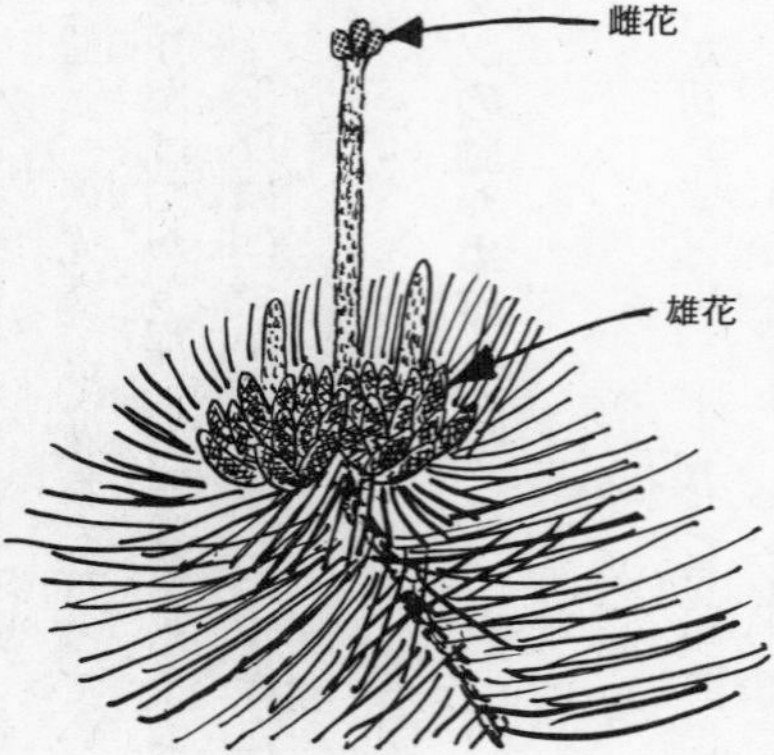

かくなるとその芽が急速に伸びて新しい枝となる。風を受けやすい枝の先端には何個かの雌花がつき、枝の下にはたくさんの雄花がつく。雄花雌花といってもどちらも花びらはない。雄花は松ぼっくりを細長くしたような形で、黄色い雄しべがぎっしり詰まっているだけ。

花が咲くのは新芽を伸ばして新しい葉が展開する直前だ。花びらがないので、うっかりするといつが花時にあたるか判断しにくく、昔のような失敗をしてしまう。雄花も雌花も重なりあった鱗片に、わずかなすきまができたときが開花である。

雄花は中心の軸が伸びて雄しべ同士のあいだにすきまができると、雄しべの壁が乾いて裂けて花粉がでる。しかし雄花には花粉を送りだす仕掛けがないため、花粉は強い風が吹かないと雄花を離れない。マツは風媒花としては大きな花粉を作るので、早々と散らさないで強い風が吹くまで待ち、遠くまで飛ばそうというのだろう。

雌花は長さ五ミリほどで、鱗片と鱗片のあいだに唇を少し開いたような形のすきまができる。飛ばされてきた花粉がそこに飛びこむのが受粉である。奥は小さな部屋になっていて、タネのもとである胚珠がある。スギと同様にマツも雌しべはなく、雌花は胚珠の近くまで花粉を迎え入れる。花の時期が過ぎると、鱗片は口を閉じてしっかりと花粉を包みこみ、それから十四カ月後に受精するという。そしてタネが成熟するのは二年目の秋になる。

北の湿原で生きる――ヤチヤナギ

ヤチヤナギは、寒い土地の湿原に生える高さ五十センチ前後の背の低い木だ。雄株と雌株があり、枝先に松ぼっくり形の穂がつき風を待つ。雄の穂は長さは一センチあまりで、枝先に五、六個ついている。穂には雄花が二十個ほどついているが、花びらはなく、茶色く堅いホウのわきに六本ほど雄しべがついているだけで、いっこうに花らしくない。雄しべはホウより短く、裂けて出てきた花粉はスプーンのようにへこんだホウの上にとどまっている。ヤチヤナギの雄花や雄の穂には、花粉を積極的に送りだそうとする仕組みは見あたらない。しかし、それがこの植物の策略なのだ。

この木は高くなっても一メートルを超えないが、見えない地面の下では地下茎を伸ばし増えている。茨城大学の堀良通《ほりよしみち》先生の研究では、一つのクローンの広が

ヤチヤナギの花の穂

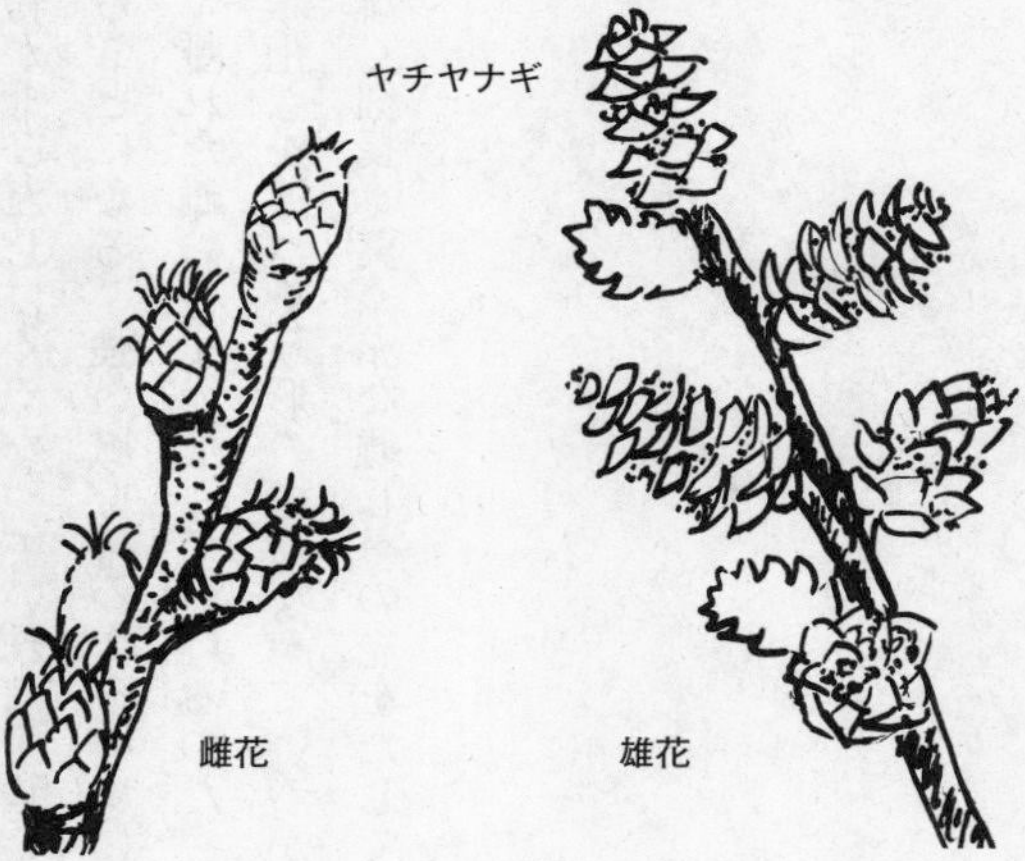

りの直径は平均六〜八メートルにもなると報告している。これは、大木が枝を広げた広さに匹敵する。ヤチヤナギはこのように背が低い大木だからこそ、雄しべは動かさず、動かないことで花粉を遠くに飛ばそうとしているのだ。

花粉の直径は二十六〜二十七ミクロンと、このタイプの風媒花としてはごく平均的な大きさである。もしススキやスイバのように弱い風で飛び出してしまうと、何メートルも離れている隣の株まで花粉が届かないうちに、湿原に落ちてしまう。それより、花粉が飛びだしにくくなっていれば、強い風が吹いたときにだけ、花粉は花を離れることになる。強い風を待ってその風に乗せれば、花粉は湿原に落ちることなく、離れた雌の株まで飛んでいけるのだ。

雌花も松ぼっくり形の穂になっているが、雄花より小さく長さは三〜四ミリしかなく細長く真っ赤な雌しべの先をだして、花粉を待っている。

第十章

虫離れ大作戦

雄しべが動く――タチイヌノフグリ

オオイヌノフグリの項で、一日の終わりに雄しべが動いて同花受粉《どうかじゆふん》をすると書いた失敗談を述べた（128ページ）が、タチイヌノフグリでは、その話が真実となる。

この草の名は茎が直立しているところからきている。畑の周囲や道端に多い雑草で、晩春から初夏にかけて青い花を咲かせ続けるが、花は直径三ミリと小さく、オオイヌノフグリのようにその存在を示そうと長い柄の先に花をかざすこともないので、よほど興味がないかぎり、花の存在に気づく人はない。

花が咲き始めるのは午前十時頃だ。オオイヌノフグリを思いっきり小さくしたような形の花で、ルーペで観賞すれば美しい。咲き始め、二本の雄しべは雌しべの左右に立って白い花粉をだしている。雄しべはしだいに花の中心によって来て、

タチイヌノフグリ

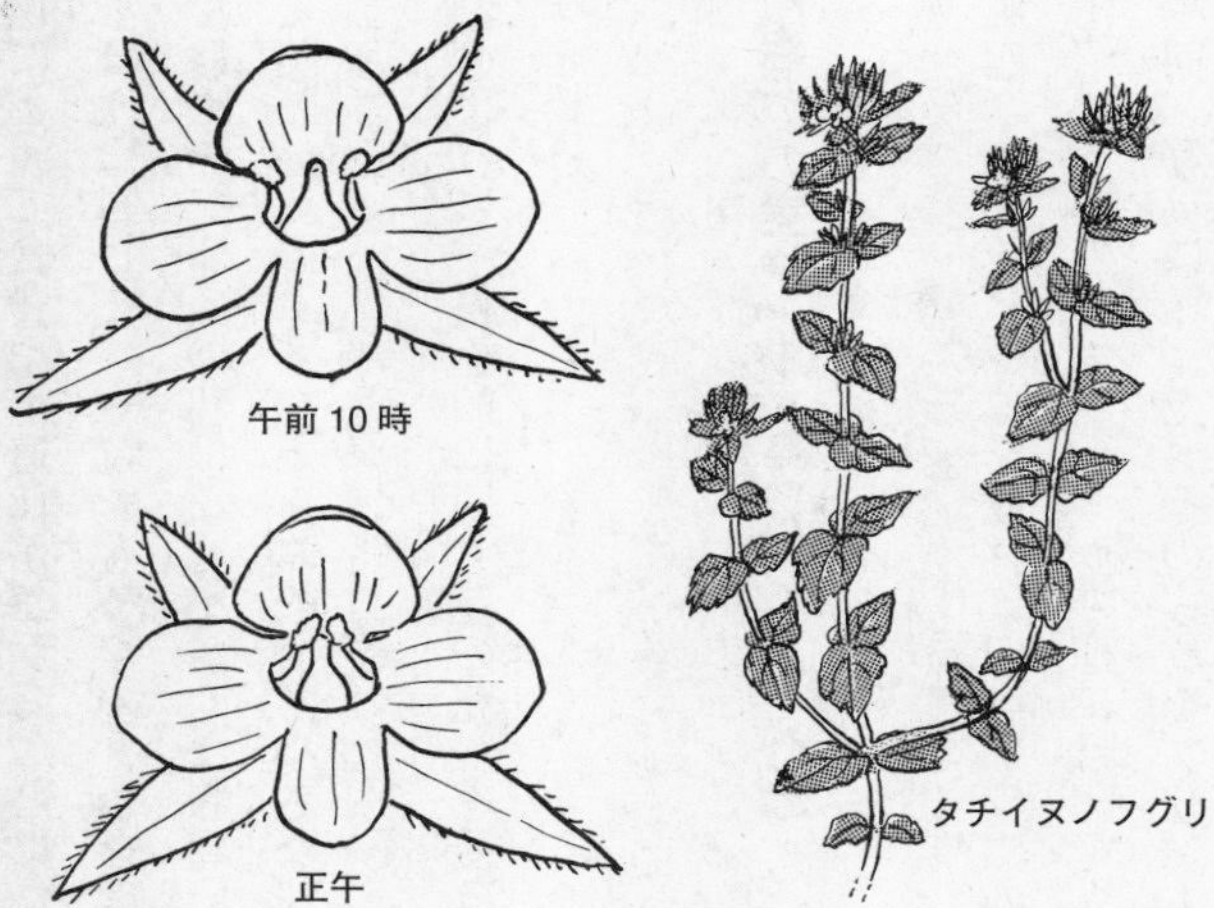

正午頃には両側から雌しべを抱くようにして接し、同花受粉をする。そして、午後二時には、花は閉じてしまう。花の命はわずか四時間である。

　虫媒花型の花でもタチイヌノフグリのように同花受粉を常習的にしている種類の花は、花びらが小さいし柄が短いのがふつうだ。その理由は、長い柄を作るにはそれだけの材料が必要だし、呼吸をするためにエネルギーの補給も必要だ。花を咲かせておくことは、植物にとって食費や水道代がかかることになる。彼らはそうした出費をタネをつくるほうに回して、一粒でも多くのタネを残そうとしているのである。

ではタチアオイの花はなぜ小さくならないのだろうか。それは栽培する人が大きく美しい花のタネをえらぶので、小さな花のタチアオイは生き残れなかったからだ。

このように、積極的に同じ花の花粉を受けてタネを作っている花を「同花受粉花《か》」という。

尾瀬での実験――ミズバショウ（二）

第四章のハイビジョン取材（151ページ）の翌年、一九八九年のこと、福島県の仁田沼で十本のミズバショウの穂に目印を立て、二泊三日の調査中に朝・昼・夕の三回、写真に撮った。その写真をプリントし、テーブルの上に並べて穂にならなら

尾瀬のミズバショウの調査研究

んでいる一つずつの花の変化を追ってみた。

結果的には、四百七十五個の花の変化を連続して観察できた。そして一見してわかったことは、雄しべのでる順序がきちっと定まっていることだった。まず雌しべの下側にある雄しべがでてくる。次に雌しべの上にある雄しべが、そして雌しべの右か左の雄しべ、最後に残りの雄しべの順にでてきた。これは新しい発見ではなく、すでに図鑑『日本の野生植物』（平凡社）に大橋広好《おおはしひろよし》先生が書かれていたが、再確認することができた。

さて、問題はここからだった。最初の雄しべがでたとき雄しべが裂けると、黄色い花粉の塊がふくらんで雌しべを被《おお》ってしまう。もしこの花粉で受粉できれば、ハエが来なくても、風で花粉が飛ばされて来なくても、タネを作ることができるはずだ。尾瀬総合学術調査を機会に、それを確かめる実験をした。

「ミズバショウの花が咲き始めましたよ」という電話を受けて、まだ雪深い尾瀬に向かった。用意していった果物の虫よけ用の袋を、開くまえのホウにかけて、三方からプラスチックの棒を立てて補強し、その先に赤いテープを巻いて思いき

ミズバショウの花の変化

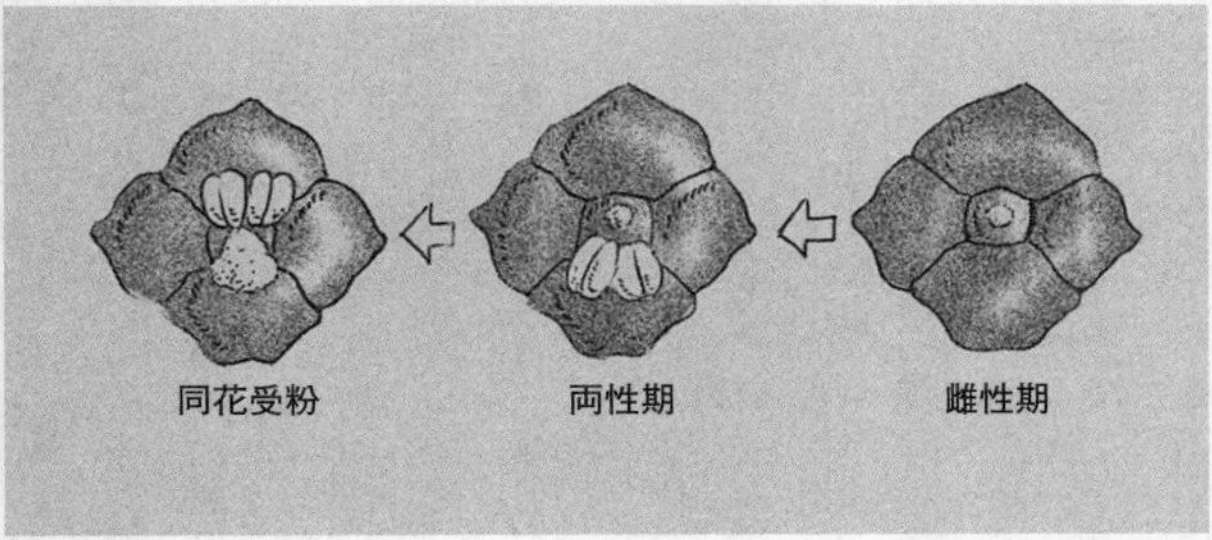

り目立つようにしておいた。こうすれば、実験中であることは明らかだ。袋をかけたことで、花が咲いても昆虫は来ないし、風で運ばれる花粉も雌しべにつかない。

実験結果は、予想どおりに九百七十四個の花のうち三百五個の花にタネが一個か二個できていて、同じ花の花粉を受けて実ることが確かめられた。ミズバショウは昆虫による受粉、風が運ぶ花粉、そして同花受粉でもタネを作る能力がある、とわかった。

じつはこの実験のために、カメラマンの方々にたいへん迷惑をかけたことを後で知った。袋をかけた場所は、毎年早くからミズバショウが咲く撮影ポイントの一つで、そこに赤い旗を立てたテント村のようなものを作ってしまったのだ。「学術調査員ならどこにでも入れるのだから、このような実験はもっと山奥でやれ」という意味の苦情が、ビジターセンターにあったとのこと。ここで、当時のカメラマンさんとビジターセンターの職員の皆さんにおわびをしたい。

動く雌しべで保険をかける——タチアオイ

タチアオイは夏の初めに高さ二メートルほどにも生長し、赤・ピンク・白などの花をつける。この花の雌しべは花粉を求めて雄しべの群れの中に入っていく。

通勤途中の犬猫病院のわきに、毎年タチアオイの花が咲いていた。花は直径が五〜七センチあって横か斜め上をむいていた。咲いてから散るまでにどのように変化するかを知りたくて、花びらにシャープペンシルの先で目立たないように傷をつけて目印として朝夕通るたびに雄しべと雌しべの様子をノートに記録した。

その結果、一つ一つの花の寿命は二日か三日あることがわかった。すり鉢形の花の中心には、粗い粒々におおわれたクリーム色の柱が立っている。この粒々は雄しべの群れで、多数の雄しべが共同して細長い筒をつくっているのだ。雄しべからは、虫メガネでも見ることができるほど粒の大きな白い花粉がでている。花が咲いて一日目はそのような状態で、花の底からだされる蜜を求めてくるハチ、とくにマルハナバチを待っている。

花が咲いて二日目か三日目になると雄しべの集団の中心から、何本もの白い素《そう》麺《めん》のような雌しべの先端がでてくる。ここにハチが運んでくる花粉がつけば受粉がすんだことになる。この雌しべはその後も伸びつづけて噴水のように花の底にむけて曲がりはじめ、ついには先端が雄しべ群のなかに入りこんでしまう。雌しべはこのようにして同じ花から花粉を受けるのだ。これはもし昆虫がこなかったときでもタネを作れるようにという保険なのだろう。

このように、雌しべが積極的に動いて同じ花から花粉を受ける例は少なく、ほとんどの花は雄しべが動くか、初めから雄しべ雌しべが接していて同花受粉をす

タチアオイは虫要らず

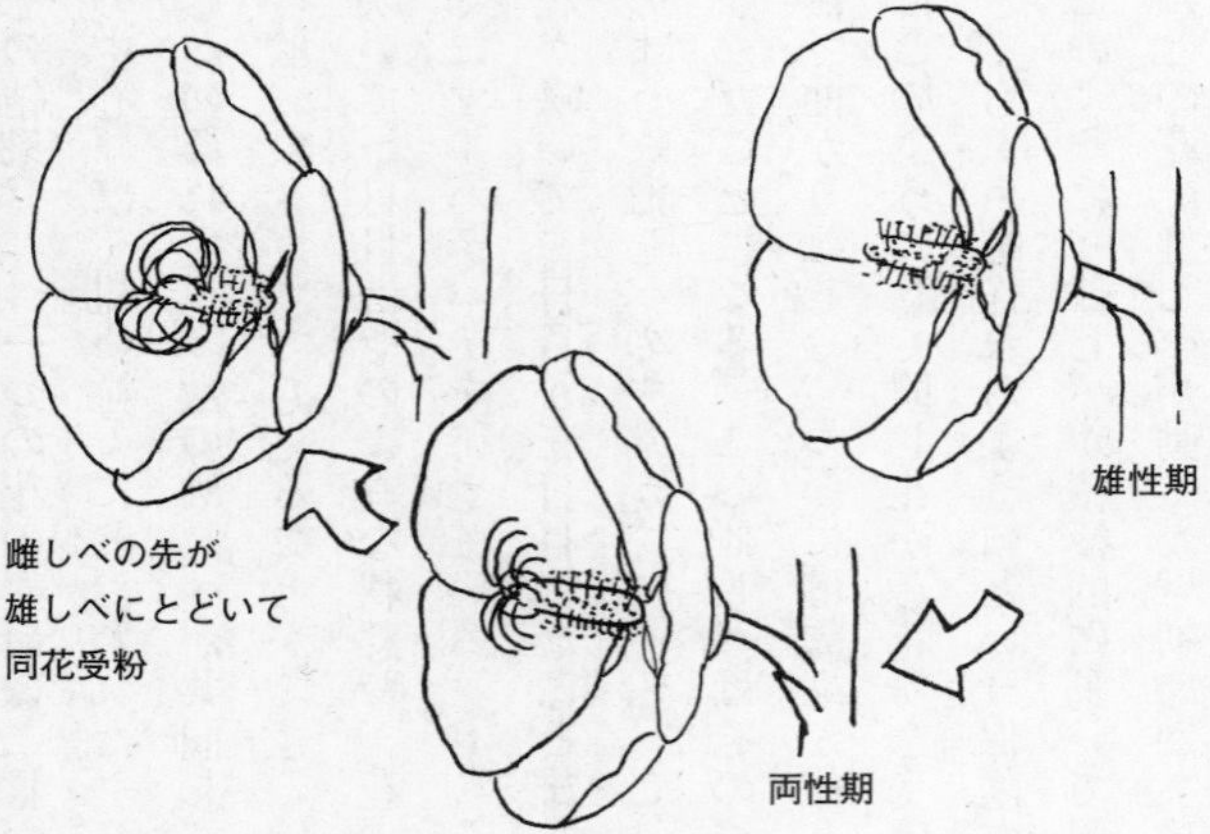

る。

大きく目立つ花が自動的に同花受粉をする例はまれであるが、タチアオイは観賞用に原産国から遠くの地にもってこられたため、本来花粉を媒介していた昆虫から引き離されてしまい、生き残る手段として同じ花の花粉でもいいから受粉してタネを残そうとしているのだ、とも考えられる。

町なかに生きる策略――ツユクサ

雑草の花は小さく地味なものが多いが、ツユクサは青い二枚の花びらをミッキーマウスの耳のように立て、町なかの小さな土地を見つけては咲いている。この花が昆虫の少ない町なかにまで進出できるのは、それなりの策略を持っているからである。

花はまだ暗いうちから咲き始め、日の出時刻から一時間ほど後に完全に開く。二枚の青い花びらのまえに六本の雄しべと一本の雌しべが伸びて、まずは昆虫の訪れを待つ。

そうは言ってもこの花は蜜をださず、餌は花粉だけ。ただ、花粉をぜんぶ昆虫になめられてしまっては受粉の目的が達せられないので、だましのテクニックが使われる。花に止まろうとする昆虫にもっとも目立つ場所に、X字形で鮮やかな黄色い雄しべを三本立てている。花粉は一般的に黄色いので、昆虫は常識どおりX字形の雄しべを目指して訪れる。だが、この雄しべは目立ちはするが、X字の二本の線の交点の左右に、ほんの少し花粉をだすだけ。見かけだおしの過剰包装のように昆虫の目をくらましている。X字形の雄しべの花粉はまるく小さくて生殖能力を持たず、昆虫に食わせるために作りだされた〝花粉もどき〟なのだ。

花の前方にはO字形の雄しべが二本、なかほどにはYの字を逆さにしたような雄しべが一本ある。この三本の雄しべがX字形の雄しべを目指してきた昆虫の胸の下側や腹部の先に触れて、本物の花粉をつけ、ほかの花に運ばせる。

ただし、こんな策略にのってくれる昆虫がたくさんいる自然度の高い場所にツユクサが生えていれば、ここで花が散っても子孫は残せるだろう。しかし、昆虫が少ない町のなかではそうはいかない。ツユクサの花は、さらに次のような巧妙な手段を使う。

雌しべは、十時頃になると内側に曲がり始める。二時間ほどかけて、くるりくるりと花の中心に向けてバネのように巻きこんでいく。同時に、平行に伸びてい

ツユクサの花の時間的変化

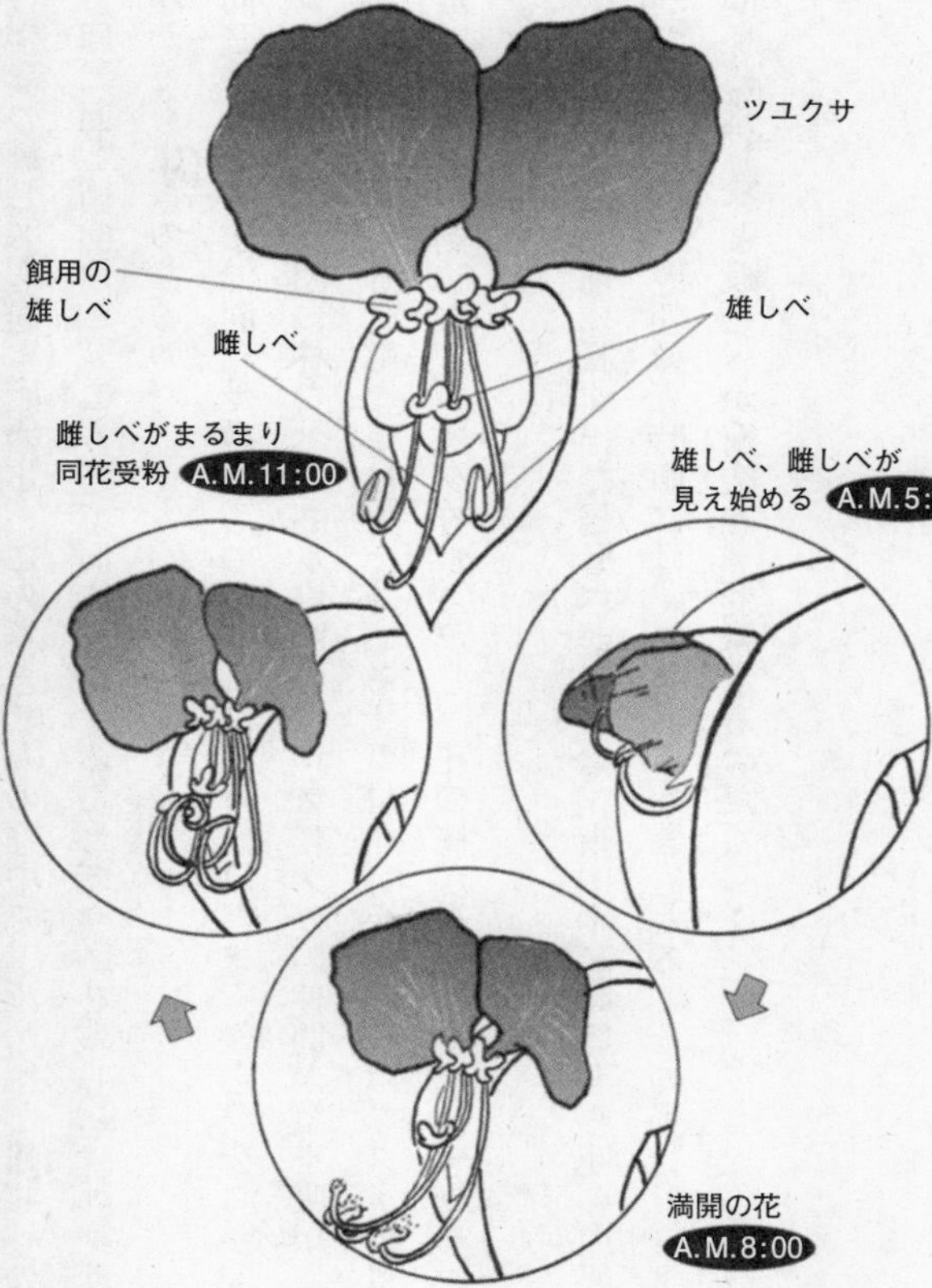

たO字形の雄しべも巻き始める。この巻きこみの途中で、雄しべと雌しべの先端が一回二回と衝突する。こうして同花受粉することでタネを残し、ツユクサは町のなかでも生きのびるのだ。

同じような方法で同花受粉するのが、日没二時間ほどまえから花びらが開くオシロイバナだ。周囲に林などのある場所では、スズメガの仲間が蜜を吸いに来て、花粉を運ぶ。しかし、町なかに生えているオシロイバナの花にはスズメガは、めったにこない。無論咲くのは夕方からだし、花の筒が長いので、ハチやチョウも来ない。

夕方、花びらの前に長く出た雄しべ雌しべは、夜中十二時頃から花の中心に向かって巻き始め、翌朝の五時頃には花の中心に巻きもどる。その過程で、ツユクサ同様に雄しべと雌しべが衝突し、受粉するのだ。

雑草の知恵――ハコベ

春の七草の一つ、ハコベは白く小さな花を咲かせる。虫メガネで見ると、二つに裂けた五枚の花びらと五〜十本の赤紫の雄しべが、均整のとれた美しさを見せている。

ハコベの花は春の光を浴びて咲き、日中は雄しべのつけ根のふくらんだ部分から蜜をだしてハナアブやミツバチを招き、花粉を運ばせている。花は日がかたむく頃閉じ始めるが、そのとき雄しべは花の中心によってきて、真んなかにある雌しべの白い柱頭に花粉をつける。こうして積極的に同花受粉をするので、花が実になる率は高く九十四〜九十九パーセントにも及ぶ。

本来、花は、ほかの花からの花粉を受けて、花粉に包まれて運ばれてきた性質の違った遺伝子を受け入れ、子供たちに自分にはないさまざまな可能性を持たせ、

ハコベの花と同花受粉のようす

どこかで生き残れるようにと咲くものだ。だが、畑や道端の雑草として生活している植物の花は、自動的に同花受粉する性質を持つものが多い。

その理由は、雑草類はヒトの生活の場の一部を利用しているからである。雑草を定義すれば、栽培目的以外の野生の草とでもいえよう。多くは一年草なので、その年にタネが作れなければ子孫は残せない。ふつう野生植物は、自然のリズムに合うように、葉を広げ花を咲かせるが、雑草という生活をしていると、ヒトの勝手な都合でいつ引き抜かれたり刈り取られたりするのか予測がつかない。

だから、典型的な虫媒花や風媒花のように、仲間の植物とときを合わせて咲かないと適正な受粉ができない、というぜいたくな仕組みで生きていたなら、せっかく大きく育っても、花の咲くまえにタネを残せないまま死んでしまうかもしれない。

そこで雑草の多くは、体がある程度大きくなったら花を咲かせる。もし、咲いた花にほかの株から花粉がくればそれを受け入れ、花粉が来ないときは自動的に雄しべ雌しべが触れあって同花受粉をする。

それがタネを残さずに死んでしまう悲劇を避ける方法であり、そうしてきたからこそ気まぐれなヒトの近くで生き残れたのだ。

メヒシバの二段構え戦略

畑の周囲によく生える雑草で、穂の形はススキやトウモロコシに似ているが、大きく育っても高さ一メートルに満たない草だ。

この花もススキと同様に殻につつまれていて、花時がくると殻にすきまができ、そこから赤紫の雌しべの先と、すこし紫色をおびた雄しべが三本でてくる。ススキやトウモロコシとちがうのは、穂が葉の鞘《さや》から出るとすぐに第一陣の花が咲くことだ。ススキやトウモロコシは風を十分うけるために、穂が伸びきって穂の枝がひろがったところでようやく花を咲かせる。それにひきかえメヒシバは、穂が葉の鞘から出てまだ枝が広がらないうちに花を咲かせてしまうので、風のあたりはよくない。それに雄しべは殻からちょっと出た位置で裂けてしまい、いっしょにでてきた雌しべに直接花粉をつける。メヒシバの花はそのように同花受粉をすることで、ハコベと同じように雑草として生き残ってきたのだ。

だがメヒシバの花は可能なら風を介した受粉もしようというのか、第二陣の花をもっていて、大きく生長し、穂の枝が開いたころに咲く。このころになると、穂も高くのびて風に花粉を託すことができるようになる。こうして、メヒシバはまずタネを確保しようと同花受粉をして、その後も生きていけたら、他の株との

メヒシバの花と姿

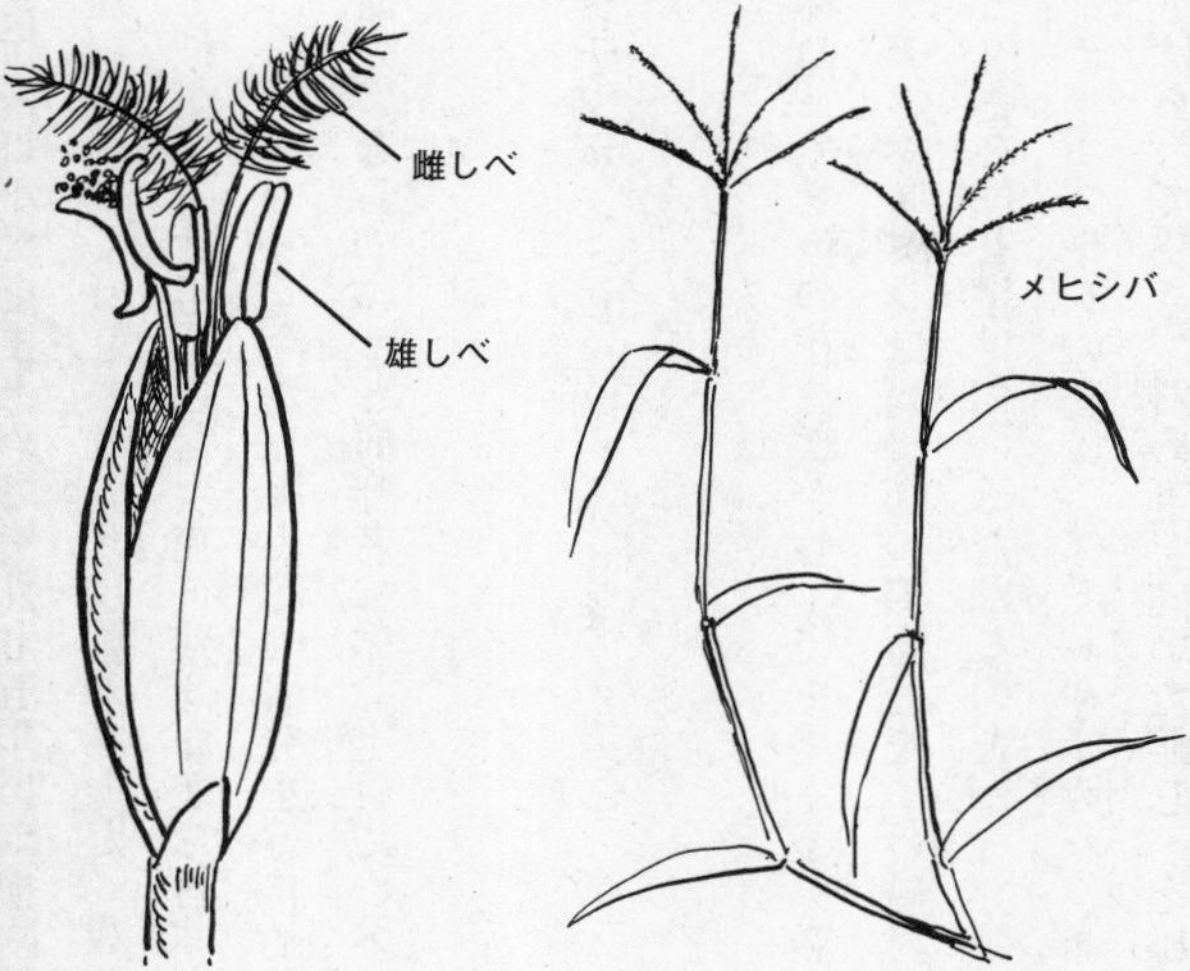

花粉の交換もするという、巧みな策略をとっている。だからこそ、いまだに畑の周囲などで繁殖を続けていられるのだろう。

メヒシバやススキなどイネ科の花は基本的には風媒花で、日の出の時刻ころに咲く。みなほぼ同じ性質をもっているため、早起きをして観察しなければならない。そのため、イネ科の花の観察記録は自宅近くの雑草がほとんどになっている。それでも二十五種類の受粉のしかたをまとめて一九七五年に『植物研究雑誌』に発表したら、海外から別刷を送ってほしいという反響があった。

それから四十年過ぎた現在、残念ながら日本の研究者の目はまだ虫媒花に釘付けになっている。今から風媒花の研究を本格的にはじめれば「世界をリードできる研究になるのに」と研究者に申し上げているのだが。

タチツボスミレは閉じたまま

林の下で紫色の花を咲かせる姿を見ると、春も本格的になったなと感じる。そのタチツボスミレは夏になっても花をつけ続ける。ただ花と気づかれず、ひっそりとタネを作り続けているだけなのだが。

タチツボスミレの花は、スミレやナガハシスミレと同様、先が曲がった柄につり下げられて咲き、斜め下を向いた雌しべを雄しべがとり囲んでいる。花が咲く

タチツボスミレの閉鎖花

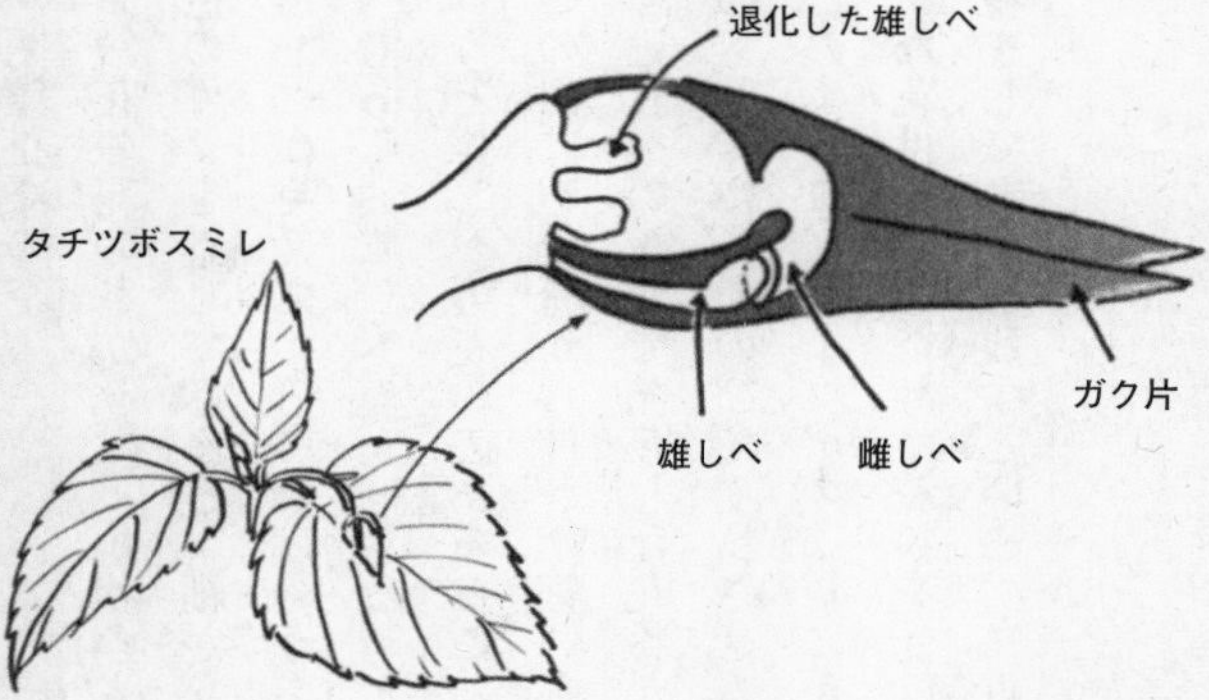

と蜜を吸いに来たハチが花粉を媒介し、タネができるという仕組みだ。

スミレの仲間は、皆同じ方法で昆虫に花粉を媒介させている。そしてそのほとんどの種類は、花だとは気づかれずに咲く、もう一つ別タイプの花をつける。それは「閉鎖花《へいさか》」とよばれるが、文字どおり開かない花で、雌しべは閉じたままの花のなかで、同じ花の雄しべで作られた花粉を受ける。野原からスミレの仲間を取って来て身近に植えたことのある人なら、蕾ができて毎日たのしみに見ていたのに、いつのまにか実になっていたという経験をしたはずだ。その蕾と思ったものが閉鎖花なのだ。

閉鎖花の花のさかりは、蕾状のものが長さ三ミリほどになった頃だ。そのとき緑色のガクを外してみると、細かな鱗片のようなものに囲まれた長さ二ミリほどの雌しべが見えてくる。鱗片のうち、先が褐色をした二枚が花粉を作っている雄しべである。雌しべの先はくるっと後ろ向きになり、先端はまるく口を開いて、ちょうど雄しべの花粉のあるところに来ている。

この口に、花粉から伸びた細い糸のようなものが入りこんでいる。この細い糸は、雄しべのなかで発芽した花粉から伸びた花粉管で、雌しべのなかの胚珠(タネのもと)にまでのびて受精させる。

このように、タチツボスミレにかぎらずスミレの仲間は、春の光を浴びて咲く大きな花は昆虫を待って花粉を受け取り、その後は閉じたままの花のなかで同花受粉をしてタネを残すという、二重の安全策をとっているのだ。

ホトケノザの裏技「閉鎖花」

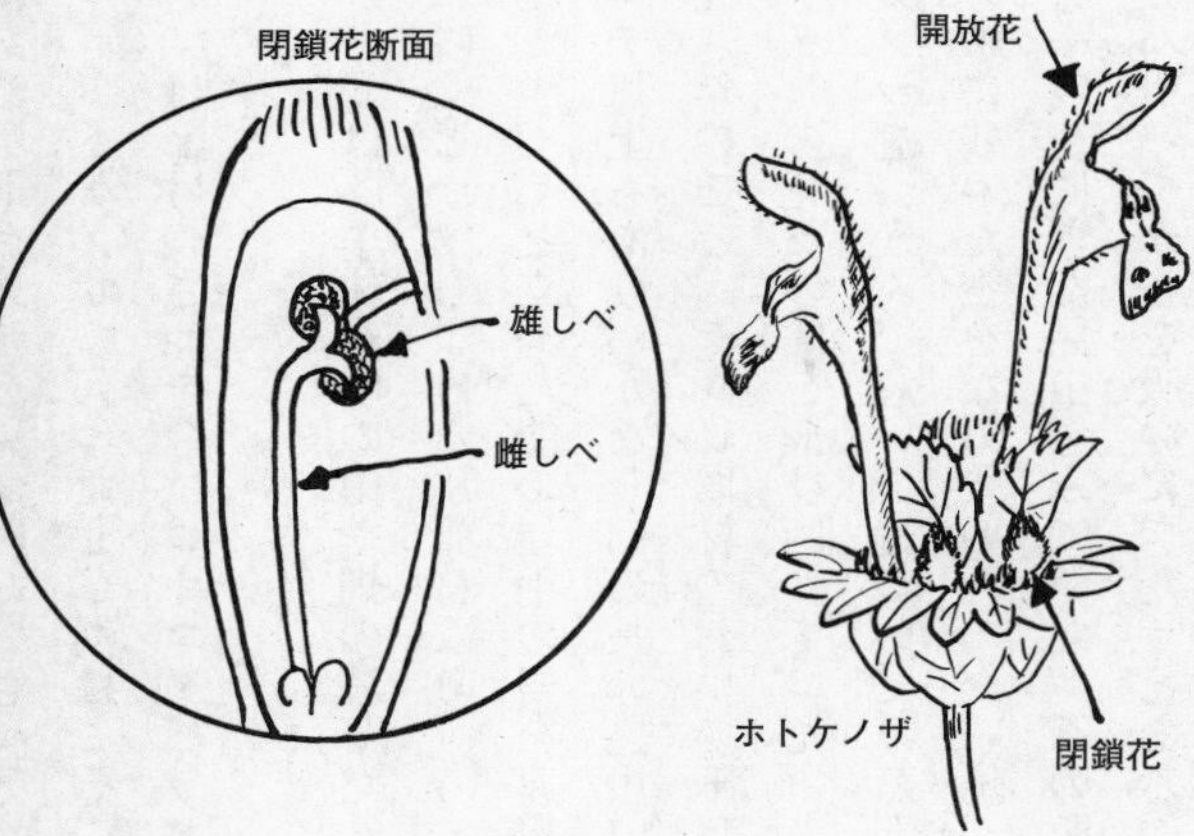

ホトケノザの裏技

「せり、なずな、ごぎょう、はこべら、ほとけのざ、すずな、すずしろ」

春の七草だ。私は七草粥《ななくさがゆ》は毎年欠さずに食べているが、これらの若菜をすべて入れた七草粥はまだ味わったことがない。空襲で東京の家を焼かれ、翌年も群馬県の疎開先にいた。その家のわきの畑に植物図鑑にあるホトケノザを見つけた。さっそく母にたのんで、七草粥に加えてもらったが、ホトケノザの入った七草粥はごそごそした歯ごたえでまずかった。春の七草の「ほとけのざ」を今はコオニタビラコと呼んでいることを知らなかったのだ。

ホトケノザは冬季休耕中の田や畑の雑草だが、早春の光をうけながら赤紫の花が無数に咲くとかすむような風景になり、うっとりとさせられる。花は、両手で扇を支えてすっくと立った能の仕手《して》の姿を連想させて美しい。その花の筒は長さが一センチ以上もあり、かなり口の長い昆虫でないと蜜が吸えないことがわかる。

一九九八年のこと、テレビ取材のお供で千葉県の館山に行ったとき、ミツバチがホトケノザの花々の間を飛び回っていた。この花に昆虫がくるのは稀なことなので、カメラをつかんで急いで近づいてみると、ミツバチは花びらが散ったあとのガクの中に残った蜜をなめていたのだ。帰ってから観察ノートを開いてみると、以前にも一度花にきた昆虫をみていた。その記録には四十年ほど前に「シロスジヒゲナガハナバチが蜜を吸いにきた」とあるが、そのときの映像は脳裏から消えてしまっている。この花に昆虫がくるのはそれほど稀なことなのだ。

花に昆虫が来なくても、この草は〝裏技〟として閉鎖花をもっているので絶えることはない。茎の先には蕾がいくつもついているが、丸みのある蕾とやや痩せた蕾とがあり、後者が閉鎖花なのだ。長さ三ミリほどの閉鎖花を、縦にそっと切り開くと、なかには雄しべ雌しべがS字形に曲がって詰めこまれており、雌しべの先端は雄しべのつくった橙赤色の花粉のなかに入りこんでいる。

こうして閉鎖花はたくさんのタネをつくって次の世代をつくりだしているのだ。

あとがき

昆虫を選ぶ花、昆虫をだます花、風の性質をよんで花粉を放出する花、タネを作ることに専念する雑草の花や閉鎖花。こうした花々の構造や機能は、それぞれの植物がおかれた物理的環境や周囲の生物との関係をうまく切り抜けようと進化してきたものであり、植物たちは、そうすることで生き続けているのだ。

花は、それをとり巻く環境が多様なうえに、たとえ同じ昆虫や現象に対応するにしても、祖先が持っていた形質を少しずつ変化させて進化するしかないために、結果として花にあらわれる受粉の仕組みは種類ごとにみな異なってくる。私が花の生態を調べ続けているのも、花を見るたびにあらわれる新たな現象に興味をひかれ、それを一つずつ明らかにしたいからだ。

この本は、それらの花が見せてくれた生命現象のおもしろさを、少しでもお伝えしたいという願いのもとに作った。そして、花を「きれい、かわいい」と見る以外に、「すごい、よくできている」という見方もあるのだと知っていただければ、この本を構成した目的は達せたといえる。そのあと、公園や野山にでて花のふしぎを実際に体験していただけたとすれば、著者としては望外の喜びである。

最後に、つねづね写真ではなくイラストを多用した本を造りたいと考えていたところに、ぜひともそのような形式でと企画をお持ちいただいた講談社生活文化局の林重見氏に感謝します。また、日頃から私の研究にご支援をたまわっている先生方、ならびに文献の上で多く学ばせていただいた先生方に心から厚く御礼申し上げます。本来なら、お一方、お一方お名前をあげてお礼を申し上げるべきところ、失礼とは存じながら、先生方とさせていただいたのは、原稿段階でお名前を挙げたところあまりにも多く、それをそのまま印刷すると読者に堅苦しい印象を与え、本書の趣旨に反すると感じたからです。しかし、お一方お一方のお姿を思い浮かべながら、心のなかで深く感謝申し上げたことを書き添えさせていただきます。

二〇〇一年初夏

田中《たなか》　肇《はじめ》

〈付録〉　田中肇の 40 年間変わらない野草ウォッチングスタイル

〈付録〉　リュックの中身、大公開!!

リュックの中身、大公開!!
温度計
カッターナイフ
ルーペ
ハサミ
筆記用具
ピンセット
手作りメス
定規
針
図鑑
毒ビン
ガラスビン
防虫剤
懐中電灯
標本用ポリ袋
お金
ハンカチ
ちりがみ
地図
赤飯
レトルトのご飯
かんづめのおかず
はし
ビニールシート
雨ガッパ
朝あたためて
持ってゆくと
ゴミも少なくて
昼でもほんのり
あたたかい
時計
スーパー
ゴミ用袋×2

〈付録〉 花と昆虫 だましのテクニック（その1）

（p.）は掲載ページです。

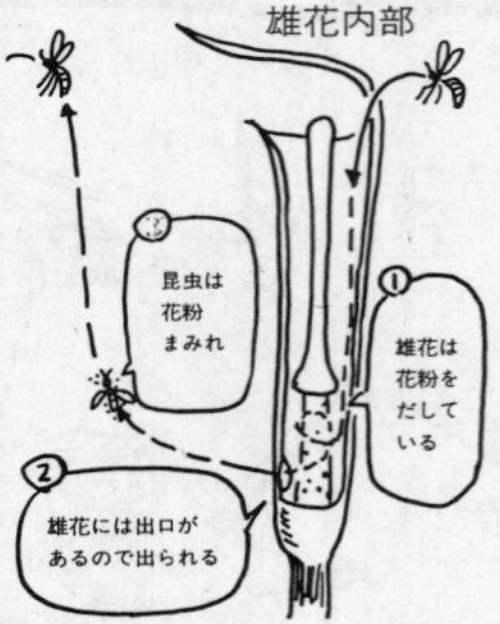
雄花内部
昆虫は花粉まみれ
雄花は花粉をだしている
雄花には出口があるので出られる

一度逃がして油断させる（p.201）

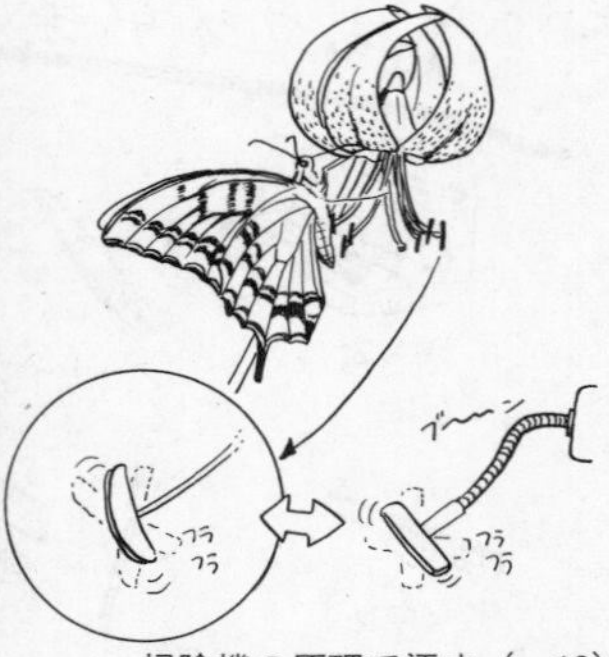
フラ
フラ
フラ
フラ

掃除機の原理で汚す（p.19）

性転換ならこちらが先輩（p.95）

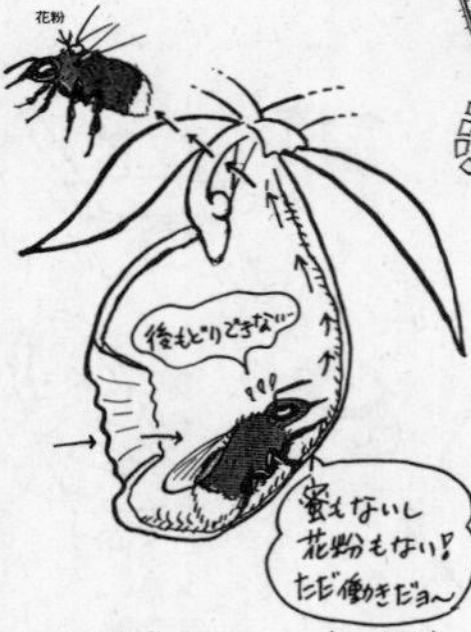
花粉
後もどりできない
蜜もないし
花粉もない！
ただ働きだョ〜

ただ働きだョ〜（p.221）

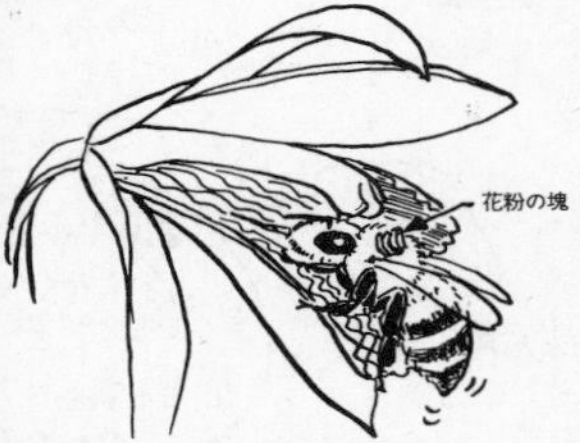
花粉の塊

詐欺師シランは奇麗な花（p.217）

〈付録〉 花と昆虫　だましのテクニック（その2）

「だまし絵だ〜い」（p.211）

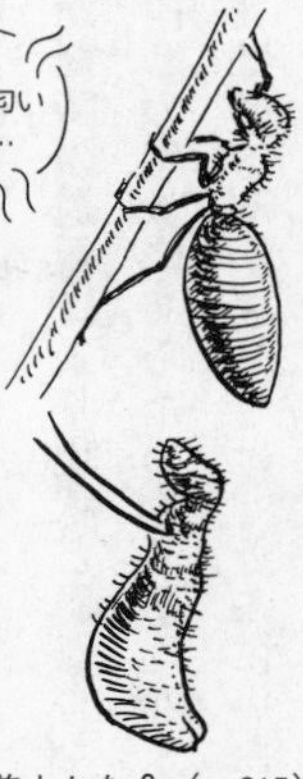

どちらが美人かな？（p.215）

強盗クマバチの蜜泥棒（p.175）

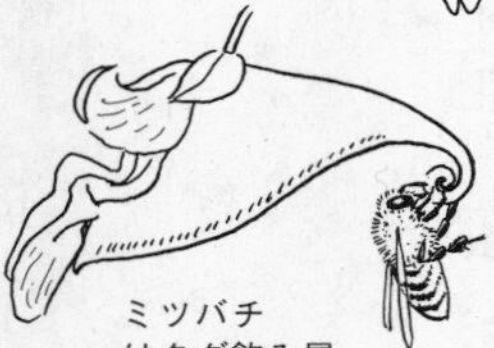

ミツバチはタダ飲み屋（p.175）

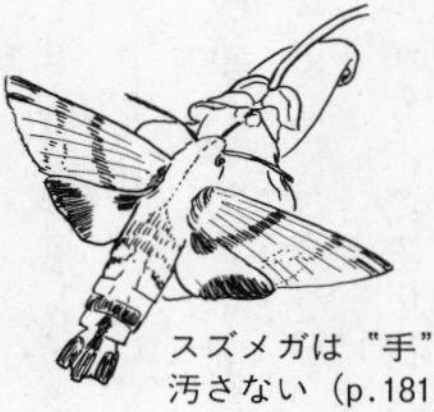

スズメガは“手”を汚さない（p.181）

首が弱いのも戦略のうち（p.135）

後ろから「パチン」（p.79）

文庫化にあたってのあとがき

本書は二〇〇一年に講談社より出版した『花と昆虫、不思議なだましあい発見記』がもとになっている。その後絶版となり一九年経過していたが、多田多恵子先生のご推薦や編集の永田士郎氏のご尽力により筑摩書房から「ちくま文庫」として世にもどることになった。

ただ時の進行により現状と異なった点は改筆し、〇〇年前などと表記した事象は西暦の年号にあらためた。また巻末に参考文献をつけたが、閲覧が難しい原著論文はできるかぎりさけ、そこにいたる手がかりになる単行本をあげるよう努めた。なお、文献の後にはそれを参考にした項の表題のページを記して便をはかった。

思い返すと、花生態学が衰退していた一九六〇年代に、ルーペとノートだけの装備で観察をはじめ短い期間ではあったが一つの研究分野の先端を見ることができた。これは花生態学の流れが緩やかになった時代と、私がアマチュアの研究者だったという幸運が重なったからである。現在の花生態学はＤＮＡの分析による考察にまで踏み込まないと論文とは認められない風潮があるが、日本には五千余種もの植物があるので、アマチュアのルーペとノートだけの観察でも新たな発見はできる。その情報を研究者に提供し花生態学の進展に寄与したり、情報提供など硬く考えずに自然の仕組みを楽しむこともできる。読後この文庫を手にした同好の士として野に出ていただけたら、著者として大変嬉しいことである。

二〇二〇年　立春

田中　肇

【索引】

太字は植物名

参考文献

〔　〕内の数字はその文献を参考にした項のページ

アッテンボロー　1998『植物の私生活』山と溪谷社〔191，209〕

Fukuda, Y. et al.　2001 "The Function of each Sepal in Pollinator behavior and effective Pollination *Aconitium japonicum* var. *montanum*" *Plant Species Biology* Vol. 16〔97〕

加藤睦奥雄　1964『少年少女日本昆虫記　1．花と昆虫』牧書店〔142〕

河野昭一監修　1990～1991『Field Watching 1～4』北隆館〔22，28，51，78，128，134，303〕

河野昭一総監修　2001『植物の世界　草本編（上）』ニュートンプレス〔198〕

―――総監修　2001『植物の世界　草本編（下）』ニュートンプレス〔174〕

―――総監修　2001『植物の世界　樹木編』ニュートンプレス〔158〕

Kinoshita, M. et al.　"Colour Vision of the foraging Swallowtail Butterfly *Papilio xuthus* "*Experimental Biology* Vol. 202〔250〕

Knuth, P.　1906～1909 *Handbook of Flower Pollination I～III* Engelmann〔66，262〕

文部省　1990『学術用語集　植物学編』丸善株式会社〔98〕

大原雅編　1999『花の自然史』北海道大学図書刊行会〔62，124，204，303〕

杉浦直人　1994「シランの花粉を媒介する虫たち」『インセクタリゥム』Vol. 31〔213〕

田中肇編　1991～1992『Field Watching 5～8』北隆館〔38，44，78，94，114，219，235，262，285，300，315〕

田中肇　1974『花と昆虫』保育社〔全般に〕

——— 1974「イネ科野生種の受粉(1・2)」『植物研究雑誌』Vol. 49, 50〔270〕

Tanaka, H. 1982 "Relationship between ultraviolet and visual spectral guidemarks of 93 species of flowers and the pollinators" *The Journal of Japanese Botany* Vol. 57〔253〕

田中肇 1988「ナガハシスミレの花と昆虫」*Nature Study* Vol. 34〔186〕

——— 1989「父島の花の受粉生態・断片」『小笠原研究年報』Vol. 17〔62〕

——— 1991「昆虫は何色の花を訪れるか」『インセクタリゥム』Vol. 28〔228〜245〕

——— 1993『花に秘められたなぞを解くために』農村文化社〔全般に〕

——— 1997『花と昆虫がつくる自然』保育社〔全般に〕

——— 1998「尾瀬の花の受粉生態学的研究」『尾瀬の総合研究』尾瀬総合学術調査団〔38, 97, 144, 151, 290, 296〕

——— 2009『昆虫の集まる花ハンドブック』文一総合出版〔全般に〕

多田多恵子 2019『したたかな植物たち』春夏篇・秋冬篇 筑摩書房〔191, 198, 312〕

フォン・フリッシュ 1979『ミツバチとの対話』東京図書〔248〕

本書は、二〇〇一年五月一五日に講談社より刊行されました。

ちくま文庫

花《はな》と昆虫《こんちゅう》、不思議《ふしぎ》なだましあい発見記《はっけんき》

二〇二〇年四月十日　第一刷発行

著　者　田中　肇（たなか・はじめ）
　　　　正者章子（しょうじゃ・あきこ）
発行者　喜入冬子
発行所　株式会社　筑摩書房
　　　　東京都台東区蔵前二―五―三　〒一一一―八七五五
　　　　電話番号　〇三―五六八七―二六〇一（代表）
装幀者　安野光雅
印刷所　株式会社精興社
製本所　加藤製本株式会社

ISBN978-4-480-43657-3　C0145